模块化空间可展开天线支撑机构设计方法与试验研究

田大可　刘荣强　金　路　著

中国矿业大学出版社
·徐州·

内容提要

本书密切结合国家重大航天工程需求，以模块化空间可展开天线支撑机构为主要研究对象，对空间可展开天线的工程应用、设计理论与方法、微重力模拟方法等领域的国内外研究现状及发展趋势进行了系统阐述。书中详细介绍了模块化空间可展开天线支撑机构构型综合与优选、空间几何建模、动力学特性分析、结构优化、结构设计等研究与设计方法，并论述了支撑机构的展开功能试验、展开精度试验和动力学特性试验等试验研究内容和方法。

本书面向宇航空间机构领域的科研工作者，同时可供航空宇航科学与技术、机械工程、土木工程等相关专业的高等院校师生学习参考。

图书在版编目(CIP)数据

模块化空间可展开天线支撑机构设计方法与试验研究/田大可，刘荣强，金路著．—徐州：中国矿业大学出版社，2021.1

ISBN 978-7-5646-4651-6

Ⅰ.①模… Ⅱ.①田… ②刘… ③金… Ⅲ.①卫星天线—天线设计 Ⅳ.①TN827

中国版本图书馆CIP数据核字(2020)第215759号

书　　名 模块化空间可展开天线支撑机构设计方法与试验研究
著　　者 田大可　刘荣强　金　路
责任编辑 章　毅
出版发行 中国矿业大学出版社有限责任公司
（江苏省徐州市解放南路　邮编221008）
营销热线 (0516)83884103　83885105
出版服务 (0516)83995789　83884920
网　　址 http://www.cumtp.com　**E-mail**:cumtpvip@cumtp.com
印　　刷 江苏淮阴新华印务有限公司
开　　本 787 mm×1092 mm　1/16　**印张** 10.75　**字数** 211千字
版次印次 2021年1月第1版　2021年1月第1次印刷
定　　价 43.00元

前　言

空间可展开天线是近年来随着航天科技的快速发展而产生的一种新型空间结构，是航天器的关键有效载荷之一，在卫星通信、军事侦察、深空探测等领域具有广泛应用并发挥着至关重要的作用，已经成为国际宇航界研究的前沿和热点。近年来，随着空间科学技术的快速进步与人类对信息大容量、多样化需求的不断增长，对可展开天线提出了大型化、高精度化的发展需求，模块化空间可展开天线具有拓展灵活、通用性好、适应性强等优点，可通过改变模块的形状、大小、数量及其组合和排布方式，实现天线口径的快速缩放，是满足未来大口径发展需求的一种较为理想的天线结构形式。

本书以模块化空间可展开天线支撑机构为主要研究对象，较为系统地论述了支撑机构的设计理论与试验方法。全书共分为7章：第1章概述了空间可展开天线工程应用、发展态势及模块化可展开天线支撑机构的特征；第2章详细介绍了空间可展开天线设计理论与试验方法的国内外研究现状；第3章介绍了可展开天线基本单元构型综合与优选方法；第4章介绍了模块化空间可展开天线支撑机构空间几何建模方法；第5章介绍了模块化空间可展开天线支撑机构动力学特性分析方法；第6章介绍了模块化空间可展开天线支撑机构结构优化与设计方法；第7章介绍了模块化空间可展开天线支撑机构微重力展开试验、展开精度试验、动力学特性试验等试验内容和方法。

本书作者均为从事宇航空间折展机构与结构研究的科研人员。在本书的编写过程中，作者参阅和引用了大量国内外学者的研究内容和学术论著，在此，谨向所有引用文献的作者表示衷心的感谢。哈尔滨乾行达科技有限公司的刘兆晶，课题组内的研究生范小东、郭振伟、高海明、钱晶晶、张飞扬、陈强等为本书提供了相关的资料，并参与了文字排版、校验等工作，在此一并表示感谢。

本书的相关研究工作得到了中国博士后科学基金面上项目(2019M661126)、辽宁省自然基金指导计划项目(2019-ZD-0655、2019-ZD-0678)和辽宁省“兴辽英才计划”青年拔尖人才项目(XLYC1807188)的资助，在此向项目的资助单位表示感谢。

由于作者水平和经验所限，书中难免存在不足或不当之处，恳请各位专家同仁和读者批评指正，并提出宝贵意见。

作　者

2020年7月

目　录

第1章 绪 论

1.1 概述

空间可展开天线是指一种在结构形式上具有展开功能的航天装备，是卫星信号传输系统的关键有效载荷之一。空间可展开天线主要由工作表面和支撑机构等部分组成，工作表面又称为“反射面”，是可展开天线进行卫星信号接收与发射的结构，一般采用导电性能良好的金属材料；支撑机构，又称为“背架”、“支撑桁架”，是天线工作表面重要的支撑结构，对工作表面起到展开、成型、定位等作用，并保证天线系统具有足够的强度、刚度及精度。

空间可展开天线在发射时处于小体积收拢状态，收纳于运载火箭的整流罩内，待卫星进入轨道后，按控制系统的指令执行解锁—展开—锁定等一系列动作，最后展开成大尺寸天线结构。空间可展开天线在展开过程中，其形态上要经历结构—机构—结构等多个构态的变化，是一种典型的新形态机构。空间可展开天线具有收拢体积小、展开口径大、结构刚度高、结构质量轻、展开精度高等特点。自20世纪60年代诞生以来，美国、俄罗斯、欧空局和日本等便给予了高度的关注，并开展了大量的研究工作，使其成为国际宇航界研究的焦点之一。

近二三十年来，随着航天科技的快速发展，空间可展开天线的研究及应用取得了长足的进步。目前，空间可展开天线已广泛应用于移动通信、电子侦察、数据中继、导航遥感和深空探测等领域[1]，其技术水平已经成为衡量各国宇航空间技术水平的一个重要标志。

近年来，以空间可展开天线、折展太阳翼、折纸和超材料等为代表的折展机构与结构领域因其富有“千变万化”的构型、涉及多学科交叉融合以及具有较为广阔的应用前景，而成为国际学术界研究的前沿和热点之一。*Nature* 和 *Science* 等世界权威期刊对该领域的研究成果进行了多次的跟踪与报道[2-3]，极大地推动了该领域的进步和发展。

由此可见，开展空间可展开天线的研究不仅有助于拓展折展机构基础理论、解决关键技术难题，具有重要的理论意义和学术价值。同时，也有助于满足各领域对空间可展开天线的实际需求，加快科技成果向生产力转化的进程。此外，研究成果还可以应用于卫星折展太阳翼、大跨度建筑结构、安全缓冲防护结构、狭小腔道医疗手术器械等多个领域，具有较为广阔的应用前景和显著的社会经济效益。因此，开展空间可展开天线相关科学问题研究对于提升空间科学技术水平、空间开发及应用能力等具有非常重要的意义。

1.2 空间可展开天线研究现状

1.2.1 国外研究现状

卫星按用途可分为科学卫星、应用卫星和试验卫星等。卫星用途的多样性决定了可展开天线结构形式和展开原理的多样性，依据组成空间可展开天线工作表面介质的不同，空间可展开天线可分为[4]：固体反射面式、充气式和金属网面式等三种类型。

1.2.1.1 固体反射面式可展开天线

(1) Sunflower 可展开天线

Sunflower 可展开天线是最早出现的一种固体反射面式可展开天线，该天线由美国 TRW 公司研制，由于其展开后的形状与向日葵相似，因此该天线又被称为“向日葵”形可展开天线。Sunflower 可展开天线的工作表面由抛物面形金属面板构成，面板间采用铰链实现机构的运动，构件数量少，结构简单，其结构如图 1-1 所示。这种天线最大的优点是形面精度高，研制的一个展开口径为 10 m 的 Sunflower 天线，其形面精度可以达到 0.13 mm。但该天线的收纳率较低，一个展开口径为 4.9 m 的 Sunflower 可展开天线，其收拢后的直径和高度为 2.15 m×1.8 m[5]。由此可见，Sunflower 可展开天线形面精度高，但收纳率低、质量大。

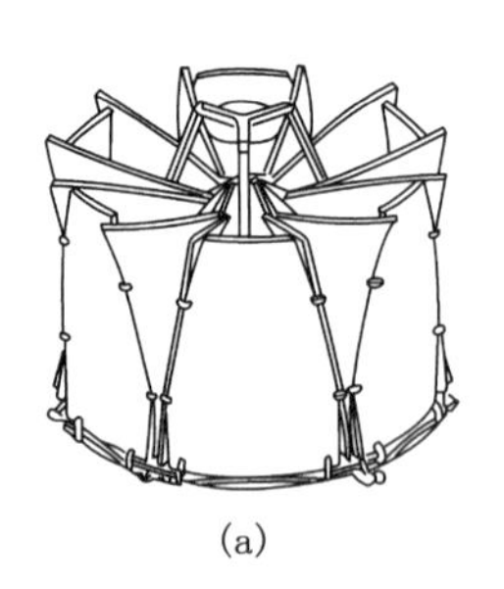

(a)

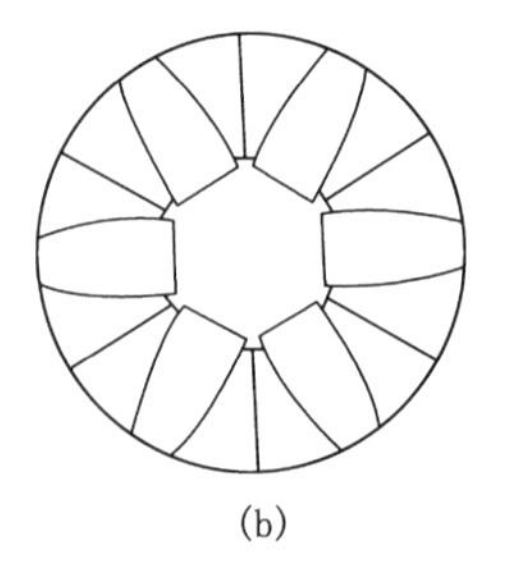

(b)

图 1-1 Sunflower 可展开天线

(a) 折叠状态；(b) 展开状态

（2）DAISY 可展开天线

DAISY 可展开天线是欧空局和德国多尼尔公司联合研制的一种卡塞格伦型可展开天线。该天线主要由 25 块金属面板组成，面板间采用铰链进行连接，并以中心轮毂为中心呈周向阵列布置，其结构如图 1-2 所示。在每个面板的背后都有独立的支撑结构，因此一个展开口径为 8 m 的可展开天线，其形面精度高达 8 μm，收拢后的直径和高度为 2.9 m×4.1 m[4]。由此可见，DAISY 可展开天线形面精度很高、收纳率较大、结构刚度大，但与 Sunflower 可展开天线相似，它的质量较大，难以发展成大口径天线。

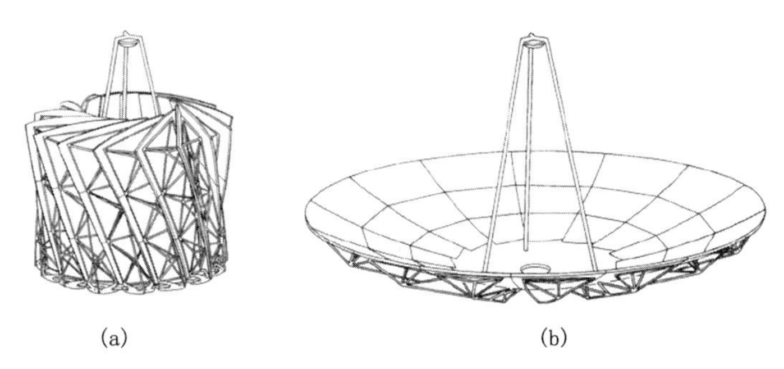

(a)　　(b)

图 1-2　DAISY 可展开天线

(a) 折叠状态；(b) 展开状态

（3）MEA 可展开天线

MEA 可展开天线也是欧空局和德国多尼尔公司联合研制的固体反射面式可展开天线。与 DAISY 可展开天线的结构原理相似，MEA 可展开天线的工作面板也以中心轮毂为中心呈周向排列。MEA 可展开天线在面板与中心轮毂间采用万向铰进行连接，在面板之间通过带有球铰的杆件连接在一起，杆件可以协调天线的展开以及保持运动的同步性，其结构如图 1-3 所示。一个展开口径为 4.7 m 的 MEA 可展开天线，其形面精度为 0.2 mm，收拢后的直径和高度为 1.7 m×2.4 m[5]。MEA 可展开天线的优点是形面精度高、收纳率较大、刚度和强度高，但结构较为复杂、面密度高、质量较大。

（4）SSDA 可展开天线

SSDA 可展开天线是英国剑桥大学可展开结构实验室研制的一种可展开天线结构形式[4]，其展开原理与其他几种固面天线有较大差异，该天线将工作表面划分成若干个的翼片，每个翼片又分成许多个带有铰链的面板，其结构如图 1-4 所示。一个展开口径为 1.5 m 的 SSDA 可展开天线，收拢后的直径和高度为 0.56 m×0.81 m。SSDA 可展开天线的优点是形面精度高，但天线质量大、机构较为复杂。

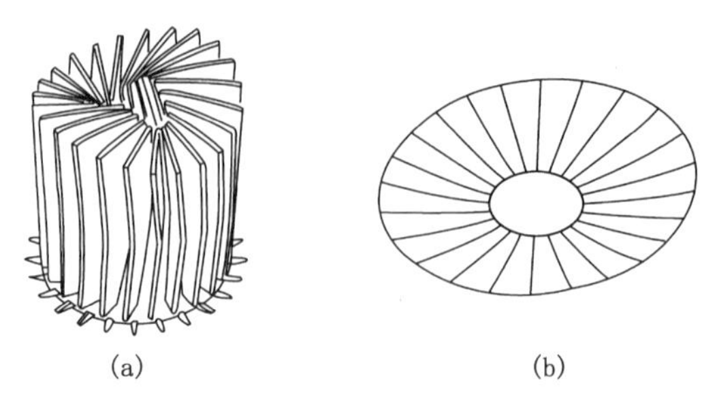

图 1-3　MEA 可展开天线

(a) 折叠状态；(b) 展开状态

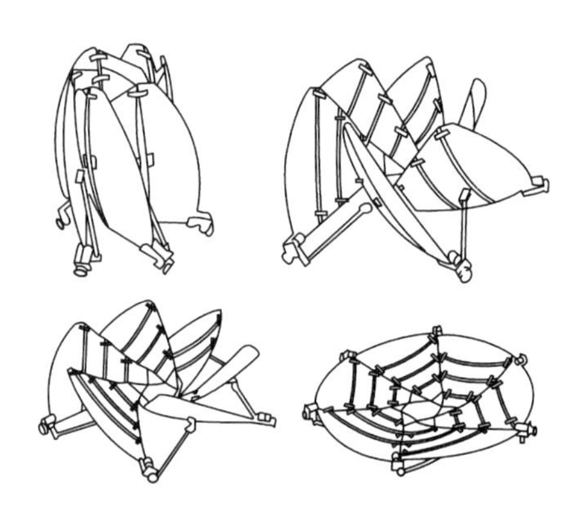

图 1-4　SSDA 可展开天线

1.2.1.2　充气式可展开天线

充气式可展开天线[6-7]是基于材料科学而发展起来的一种新型可展开天线结构形式，它可以有效地解决机械式可展开天线构件多、结构复杂、质量大等缺点。充气式可展开天线的工作原理是：天线进入轨道后，首先采用压缩空气对由 Kapton、Kevlar 等薄膜材料构成的可展开天线进行充气，直至天线完全展开；然后调整卫星姿态，使可展开天线更利于太阳光照射，从而加速薄膜材料的硬化，使天线刚化成设计的形状。

欧空局、美国喷气推进实验室和 L'Garde 公司等科研机构都对该型天线开展了较为深入的研究，主要的研究工作集中在反射面薄膜材料研制、材料硬化及微重力试验等。具有里程碑意义的研究是美国喷气推进实验室和 L'Garde 公司于 1996 年 5 月对其研制的一个口径为 14 m 的充气式可展开天线进行了在轨试验，如图 1-5 所示。通过该项试验验证了充气式可展开天线解锁装置、展开可靠性、形面精度等内容，该研究为充气式可展开天线的改进发展及应用提供了宝贵的数据和经验。

图 1-5 充气式可展开天线

充气式可展开天线的优点是质量轻、收纳率大、口径变化灵活，但形面精度较低、刚度及热稳定性较差、技术成熟度较低。

1.2.1.3 金属网面式可展开天线

(1) 径向肋可展开天线

径向肋可展开天线[8]是美国 Harris 公司为 NASA(National Aeronautics and Space Administration，美国国家航空航天局)的跟踪与数据中继卫星(TDRS)(Tracking and Data Relay Satellite，跟踪与数据中继卫星)和“伽利略”号木星探测器而研制的一种伞状天线。天线工作表面采用镀金钼网，用 18 根抛物线形碳纤维肋对其进行支撑，结构如图 1-6 所示。由于这些支撑肋无法折叠，天线收拢后的高度与肋的长度相差很小。一个口径为5 m的径向肋可展开天线，其收拢后的直径和高度为 0.9 m×2.7 m，天线总质量为 24 kg。径向肋可展开天线结构简单、展开可靠性较高、质量轻，但存在收纳率不高、形面精度较低、结构的内应力分布不够均匀的问题。

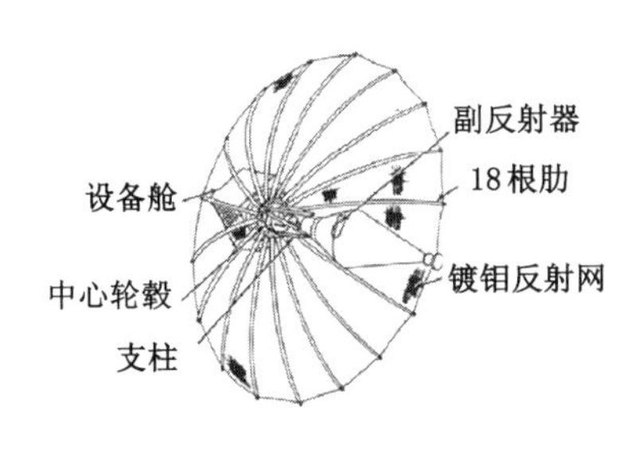

图 1-6 径向肋可展开天线

(2) 缠绕肋可展开天线

缠绕肋可展开天线是美国NASA喷气推进实验室与洛克希德·马丁公司联合研制的一种伞状天线,其结构主要包括弹性肋、中心轮毂和反射网面等。收拢时,肋通过弹性变形缠绕在中心轮毂上,并由绳索将其锁紧;展开时,绳索被切断,肋依靠变形时储存的弹性势能而反向打开,恢复至初始状态时天线完全展开。美国在发射的ATS-6卫星上携带了一个口径为9.1 m的缠绕肋天线[9],收拢后的直径和高度分别为2 m×0.45 m,如图1-7所示。缠绕肋可展开天线具有很高的可靠性及较大的收纳率,但其形面精度和刚度均较低。

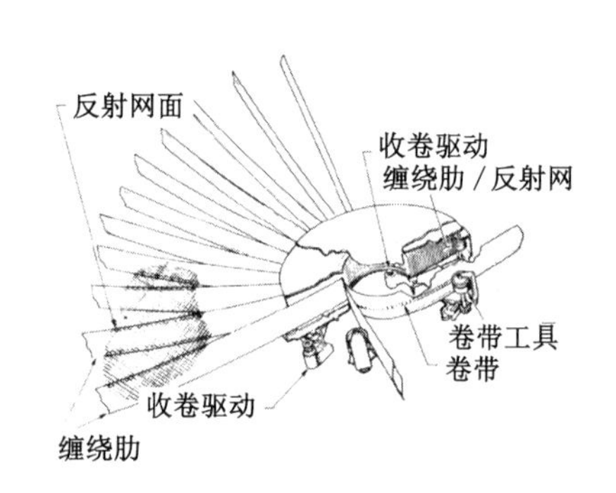

图1-7 缠绕肋可展开天线

(3) 折叠肋可展开天线

折叠肋可展开天线是美国Harris公司为亚洲蜂窝卫星系统而研制的一种天线形式[4]。天线的支撑机构由若干个可折叠的肋组成,肋完全展开后成直线形状,肋上装有许多个长度不等的支撑杆,通过这些支撑杆来保证反射网形成抛物面形状。

起初,Harris公司设计的一个展开口径为12 m的折叠肋可展开天线,其收拢后的直径和高度分别为0.86 m×4.5 m,但总质量为127 kg,如图1-8所示。后来Harris公司对结构进行了改进,2009年7月,美国在商用卫星TerreStar上搭载了Harris公司设计的一个展开口径为18 m的新型折叠肋可展开天线,如图1-9所示,优化后,其平均面密度达到0.3 kg/m^2。折叠肋可展开天线的优点是收纳率大、结构简单,但刚度较低。

(4) EGS可展开天线

EGS可展开天线[10]是俄罗斯Georgian公司针对天线口径变化范围在5~25 m之间的任务需求而设计的一种剪叉式可展开天线。该天线由剪叉式环形可展开支撑机构和连接在中心轮毂上的呈辐射状的张拉膜肋组成。俄罗斯在和

图 1-8 12 m 口径折叠肋可展开天线

图 1-9 18 m 口径折叠肋可展开天线

平号空间站上对一个展开口径为 5.6 m×6.4 m 的椭圆形 EGS 可展开天线进行了展开测试，如图 1-10 所示。该天线收拢后的直径和高度为 0.6 m×1.0 m，天线机械系统和电气系统的总质量为 35 kg。EGS 可展开天线的优点是收纳率大、质量轻，但形面精度较低、面密度较大。

图 1-10 EGS 可展开天线

(5) 环-柱形可展开天线

环-柱形可展开天线[4]是美国 NASA 的兰利研究中心与 Harris 公司在高级飞行实验计划中为验证这种结构方案的可行性而研制的一种天线形式。环-柱形可展开天线由中心圆柱、拉索、环肋和金属反射网等结构组成，如图 1-11 所示。

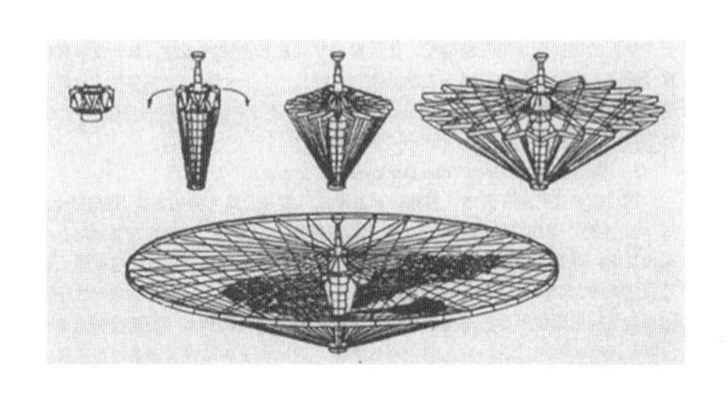

图 1-11 环-柱形可展开天线

天线展开时可伸缩的中心圆柱缓慢伸长，环肋在电机的驱动下向周向展开，最后通过环肋上带有扭簧的铰链释放弹性势能使天线完全打开。一个展开口径为 15 m，展开高度为 9.5 m 的环-柱形可展开天线，收拢后的直径和高度为 0.9 m×2.7 m，总质量为 291 kg。环-柱形可展开天线的优点是收纳率大，但刚度较低、质量较大。

(6) 自回弹可展开天线

自回弹可展开天线是美国休斯公司和通信公司研制的一种具有创新性的天线形式[11]。天线不含有任何运动副。该天线由带有呈整体网格状肋的很薄的石墨网和位于天线边缘的加强环组成。收拢时，天线边缘的拉索将天线的两端折叠到一起；展开时，拉索被剪断，弹性肋释放势能而使天线展开，如图 1-12所示。

自回弹可展开天线于 1996 年在 MSAT-1 卫星上首次使用，其展开尺寸为 6.8 m×5.25 m，质量为 20 kg。自回弹可展开天线的优点是具有较轻的质量和很高的可靠性，但由于收拢后的高度与天线的直径大致相等，因此它的收纳率小、刚度低、展开速度不易控制。

(7) Tension Truss 可展开天线

日本空间科学研究所于 1997 年发射了应用于甚长基线干涉测量(VLBI, Very Long Baseline Interferometry)任务的 HALCA 科学卫星[12]，在该卫星上首次采用了基于 Tension Truss 思想的可展开天线，如图 1-13 所示。该天线由伸展臂、金属反射网和张紧索网等组成。伸展臂采用三角形截面铰接形式作为

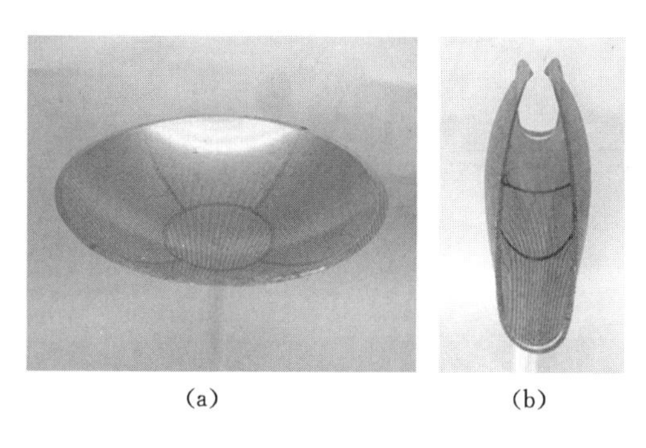

(a)　　(b)

图 1-12　自回弹可展开天线

(a) 展天状态；(b) 收拢状态

骨架肋支撑；利用许多小三角形平面构成张紧索网，并以此逼近抛物面形状，然后将金属反射网铺设在上面，天线的形面精度得到了很大提高。天线展开后有效口径为 8 m，总质量为 246 kg。Tension Truss 可展开天线形面精度高、收纳率较大，但质量大。

图 1-13　Tension Truss 可展开天线

(8) 构架式可展开天线

构架式可展开天线是日本国家空间发展局为工程试验卫星 ETS-Ⅷ研制的一种天线展开形式，该卫星上携带了两架展开尺寸为 19 m×17 m，有效口径为 13 m 的构架式可展开天线[13]。两个天线分别负责信号的发射和接收，同时也可以避免多个频率在一个天线上引起的信号干扰。该天线最突出的特点是每个天线由 14 个直径为 4.8 m 的六棱柱模块组成，如图 1-14 所示。该天线能够与手机大小的地面移动终端进行信号传输，收拢后，结构的高度和直径分别为 4 m×1 m，天线总质量为 170 kg。构架式可展开天线形面精度高、刚度高、收纳率大、结构可扩展性好，但杆件及运动副数量较多、结构较为复杂。

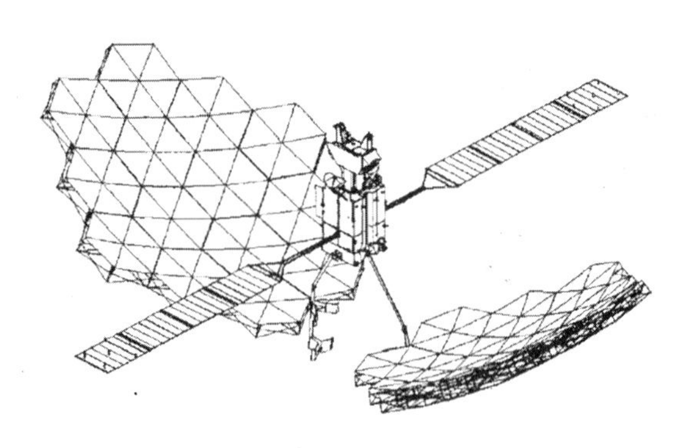

图 1-14　工程试验卫星 ETS-Ⅷ上有效口径 13 m 的构架式可展开天线

(9) 环形桁架式可展开天线

环形桁架式可展开天线是美国 TRW Astro Aerospace 公司开发的一种可展开天线[14]，由可展环形桁架、前索网、后索网、拉索、金属反射网组成，其结构如图 1-15 所示。环形桁架是天线的支撑结构，由若干个对角杆长度可变的四边形单元组成。前、后索网安装在可展开的环形桁架上，索网间的竖向拉索具有一定的预紧力，索网在预紧力的作用下逼近抛物面形状，金属反射网附着于前索网上。2000 年底，美国发射的 Thuraya 卫星上携带了一个口径为 12.25 m 的环形可展天线，质量为 55 kg，收拢时直径和高度分别为 1.3 m×3.8 m。环形桁架式可展开天线的优点是支撑结构的质量占比小、天线收纳率高，但由于柔性面积大、竖向拉索较多，网面的调整比较困难，形面精度不易控制。

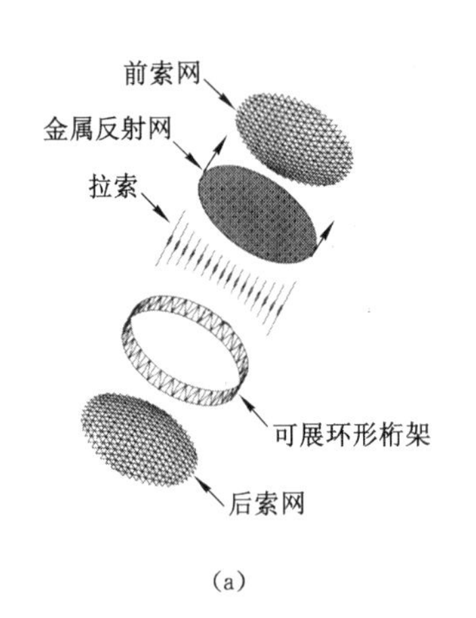

(a)

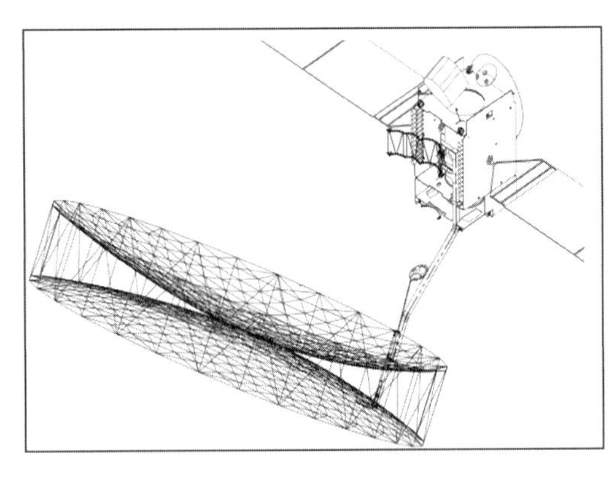

(b)

图 1-15　环形桁架式可展开天线
(a) 天线结构；(b) AstroMesh 天线

1.2.1.4　天线技术参数比较

文献[4]对主要可展开天线结构的主要技术参数进行了比较，见表1-1。

表1-1　可展开天线结构的主要技术参数比较

天线类型	结构形式	状态	D/m	d/D	h/D	质量/kg	面密度/(kg/m²)	基频/Hz	形面精度/mm	工作频率/GHz
固体反射面式	Sunflower	样机	4.9	0.44	0.37	31	1.64	—	0.051	60
	DAISY	样机	8	0.36	0.51	—	6.00	—	0.008	3 000
	MEA	样机	4.7	0.36	0.51	94	5.42	—	0.2	30
	SSDA	样机	1.5	0.37	0.54	—	—	—	—	—
充气式	IA	在轨	14	0.06	0.14	60	0.39	4	1.00	—
金属网面式	径向肋式	在轨	5	0.18	0.54	24	1.22	—	0.56	15
	缠绕肋式	在轨	9.1	0.22	0.05	60	0.92	—	0.8	8.25
	折叠肋式	在轨	12	0.07	0.38	127	1.12	0.13	—	—
	EGS	在轨	5.6	0.11	0.18	35	1.24	17	—	—
	环-柱式	样机	15	0.06	0.18	291	1.65	0.068	1.52	11.6
	自回弹式	在轨	5.25	—	0.93	20	0.71	—	—	2
	Tension Truss	在轨	8	—	—	230	4.58	—	0.6	22
	构架式	在轨	13	0.08	0.31	170	0.81	0.14	2.4	4
	环形桁架式	在轨	12.25	0.10	0.31	55	0.36	—	—	2

对三类天线进行横向比较如下。

(1) 展开口径和收纳率。固体反射面式天线展开口径 D 在1.5～8 m之间，收拢直径 d 与 D 之比在0.36～0.44之间，收拢后的高度 h 与 D 之比在0.37～0.54之间；充气式展开口径为14 m，收纳率分别为0.06和0.14；金属网面式天线展开口径为5～15 m，收纳率分别为0.06～0.22和0.05～0.93。可见，这两项指标最优的是充气式天线，金属网面式天线次之，固体反射面式天线最差。

(2) 质量和面密度。充气式天线的面密度最低，固体反射面式天线的面密度最高，金属网面式天线介于两者之间。在金属网面式天线中，环形桁架式天线的面密度最低，甚至达到了充气式天线的水平，从这个角度讲，环形桁架式天线的结构形式在金属网面式天线中较好。

(3) 形面精度和工作频率。固体反射面式天线无论是形面精度还是工作频率均是三种天线中最高的，金属网面式天线次之，充气式天线最差。

从以上3点的分析可以看出，固体反射面式天线适合应用于口径小、工作频率高的卫星上。由于其工作表面采用金属材料制成，质量是限制其发展的一个关键因素，但随着科技的发展，比重小、比强度和比模量大的复合材料在航天领域得到了广泛应用，如能使固体反射面式天线也采用这些材料，那么必将获得更大的发展空间。

充气式天线在对工作频段要求不高，但在较大口径的卫星上使用比较有优势。尽管充气式天线表面精度较差，但因其具有收纳率高、质量小的特点被认为是具有很大应用前景的天线形式。近年来，已经得到了越来越广泛的重视。

金属网面式天线无论在收纳率、形面精度、展开口径、面密度和工作频率等方面均有较好的表现，因此该天线的综合性能最好。符合天线高精度、大口径的发展趋势。目前，该天线的类型最多、应用最广，是一类值得重点研究的天线形式。

1.2.2 国内研究现状

我国在空间可展开天线方面起步较晚，大约于 20 世纪 90 年代开始对可展开天线等可展开结构进行研究，与国外相比尚存在一定的差距，但通过多年的努力，我国在基础研究、样机研制和空间应用等方面取得了较快发展。

浙江大学关富玲等[15-17]为我国在此领域研究较早的团队之一，在理论研究和样机研制等方面均取得了丰硕的成果，提出了可展开结构展开过程分析方法，基于广义逆理论对结构稳定性问题进行了研究；提出了具有位移约束的空间结构分析方法，采用广义逆矩阵法解决了模糊问题和非线性分析问题；研制了刚性反射面式、四面体式和双环形桁架式等多种形式的可展开天线并开展了试验研究。

西安电子科技大学段宝岩等[18-20]在天线结构优化及精密控制等方面进行了大量研究。对周边桁架式等具有几何非线性的索网结构进行了分析，建立了该天线结构的非线性静力与动力学模型。建立了索网结构的非线性有限元模型，基于优化技术，提出了综合找形法。同时，应用记忆合金等智能材料较深入地分析了形面精度的主动控制和空间热环境对形面精度的影响等问题。

北京理工大学胡海岩等[21-23]在大型可展开空间结构的非线性动力学建模、分析与控制等方面进行了深入研究。针对大型可展开空间结构在轨展开和服役中的动力学与控制问题，提出了多柔体系统动力学建模、降维和并行计算方法，分析了天线在内共振条件下的非线性振动、分叉和混沌振动，提出了可展开环形桁架天线地面试验设计方法，研究成果已应用于我国航天工程项目。

哈尔滨工业大学邓宗全等[24-25]对空间构架式可展开天线、索肋张拉式可展天线及双层环形可展天线等的构型综合方法、动力学特性、驱动特性等进行了较为深入的研究。提出了空间折展机构设计方法，建立了铰链非线性动力学模型和超弹性铰链动力学模型，研制了原理样机并进行了试验研究。

西北工业大学王三民等[26]对环状可展机构的运动学、可展天线的形面精度调整、环形可展开天线固有频率与振型计算、结构优化及正方形组合可展机构的位移模态和路径跟踪等方面进行了较为深入的研究。

同济大学吴明儿等[27]基于广义逆矩阵和最速下降法等理论对可展天线的形面精度及其调整方法进行了大量的研究，分析了伞状天线双层索网的预应力模态，确定了设计状态下的预张力。

上海交通大学陈务军等[28]对大型空间可展索网天线张力索网分析理论与形面调整方法进行了较为系统性的研究，建立了基于协调矩阵广义逆的非线性迭代索网零应力态计算方法，研究了空间薄膜阵面支撑体系豆荚杆的力学行为。

天津大学何柏岩等[29]在环形网状天线保形控性设计方法、环形天线可展运动与网状反射面成形精度等方面进行了较为深入的研究，提出了考虑桁架柔性的一体化找形方法，为环形天线反射面精度与可展运动耦合问题提供了分析手段。

燕山大学许允斗等[30]对环形桁架可展天线机构的构型综合、四面体可展天线形面划分、构架式可展天线机构自由度等方面进行了较为系统的研究，并基于螺旋理论提出了拆杆等效法等机构分析的新方法。

中国空间技术研究院西安分院(504所)在空间可展开天线的工程应用方面取得了较为突出的成绩，部分技术已达到国际先进水平。近年来，为环境一号C星、天通一号01星、鹊桥、天链二号01星等卫星先后研制了四面体构架式、环形桁架式、伞状和径向肋式等多个大型可展开天线机构，为我国在环境保护、防灾减灾、移动通信和数据中继等方面提供了有力的保证。

1.3 需求分析及发展态势

1.3.1 需求分析

空间可展开天线按其展开口径的大小，可分为普通型、大型、超大型和极大型等4种类型。随着需求的变化，对于各类型口径尺寸的界定也在不断地发生着变化，目前，对各类型可展开天线普遍的共识是[31]：

(1) 普通型可展开天线：展开口径<5 m；

(2) 大型可展开天线：5 m≤展开口径<20 m；

(3) 超大型可展开天线：20 m≤展开口径<50 m；

(4) 极大型可展开天线：50 m≤展开口径。

近年来，随着空间科学技术的快速进步与人类对信息大容量、多样化需求的增长，对空间可展开天线提出了大型化的新的发展需求，例如，新一代多普勒天气雷达系统其天线口径需要 30 m 以上，地球静止轨道电子侦察卫星的接收天线口径通常为 30～100 m，而太阳能发电卫星为了传输高能微波至地球需要上百米口径的极大型可展开天线[32]。

我国对空间可展开天线的需求非常迫切。我国发布的实施制造强国战略的第一个十年行动纲领《中国制造 2025》和我国正在实施的《国民经济和社会发展第十三个五年规划纲要》分别将其列为未来重点突破的十大发展领域和计划实施的 100 个重大工程，体现了我国发展此领域的战略意图和战略需求。

当前，我国正处于向经济强国、制造强国和航天强国迈进的关键期。在航天领域，未来 5～10 年我国将陆续实施火星深空探测、新型载人飞船、长期在轨空间站、巡天望远镜、太阳极轨望远镜等一批国家重大航天工程；在 2018 年和 2019 年，我国航天发射活动分别为 39 次和 34 次，发射次数连续两年位居世界第一，我国航天的高密度发射已经进入常态化；在通信领域，随着 5G 网络的正式商用，我国社会进入了高速互联和智慧互联时代。这些都对空间可展开天线，尤其是对大型/超大型可展开天线的需求越来越多，也愈加迫切，给该领域的发展带来了严峻的挑战和广阔的发展机遇。

1.3.2 发展态势

随着卫星技术的广泛应用，可展开天线与人们生产、生活等诸多领域的联系愈发紧密，并且发挥着越来越大的作用。空间可展开天线除了要满足大型化的发展需求外，高精度化和轻量化也是未来重点发展的两个方向。

卫星通信的波段主要有 L(1～2 GHz)、S(2～4 GHz)、C(4～8 GHz)、X(8～12 GHz)、Ku(12～18 GHz)、K(18～26 GHz)、Ka(26～40 GHz)等，随着射电天文、深空探测等领域的发展，卫星波段由原来满足对地观测、气象预报、移动通信等领域对中低波段的需求向高波段、高频段发展，这就需要可展开天线的工作表面具有更高的精度。为了满足这一要求，可在如何提高工作表面展开精度、支撑机构展开精度、工作表面与支撑机构连接精度等方面开展研究。

轻量化设计是航天技术研究中的一项核心问题。空间可展开天线大型化的发展会使得结构质量随之增加，然而火箭等运载工具有效载荷舱和发射成本的限制，对可展开天线提出了轻量化的发展要求。为了满足这一要求，可在空间可展开天线构型创新设计、关键结构参数优化、新材料研究与应用等方面开展研究。

综上，未来空间可展开天线将朝着大型化、高精度化和轻量化三个方向发展，而这三个方向也构成了空间可展开天线相关科学问题研究的出发点，相关的研究应围绕这三个方面展开和深入。

1.4 模块化可展开天线支撑机构的特征

模块化空间可展开天线是指由若干个结构特征相似、连接关系独立、互换性良好的模块单元组成的一种可展开天线类型。与结构耦合性较强的单一模块可展开天线相比，模块化空间可展开天线支撑机构具有如下主要特征。

(1) 灵活性高

模块化空间可展开天线灵活性高、拓展性强，可通过改变模块的形状、大小、数量及其组合和排布方式，实现天线口径的快速缩放，满足未来超大口径卫星天线的使用需求。

(2) 通用性强

模块化空间可展开天线模块单元间可根据需要自由拆分和组合，良好的互换性能够有效降低天线整体的研制难度，有利于发现机构存在的风险并采取及时有效的防控措施，提高了航天任务实现的可靠性。

(3) 经济性好

模块化空间可展开天线各个模块间具有相似的结构特征，模块的一致性高，各模块可以并行开展设计、制造与试验，不仅降低了研制成本，也缩短了研制周期，具有较好的经济性。

(4) 应用面广

模块化空间可展开天线其支撑机构类型及蕴含的基本原理，不仅可为其他种类的航天器结构提供借鉴，同时对于有相似用途的汽车、建筑、医疗等民用领域也有较高的参考价值。

1.5 本书主要研究内容

本书以模块化空间可展开天线支撑机构为研究对象，对可展开天线基本单元进行构型综合与优选，采用两种方法对支撑机构进行空间几何建模，对支撑机构的动力学特性进行分析，讨论结构参数对支撑机构固有频率的影响，以此为基础，将支撑机构质量和刚度作为目标函数，对支撑机构进行优化及结构设计，通过试验对理论分析进行对比与验证。主要研究内容如下：

(1) 可展开天线基本单元的构型综合与优选

以金属网面可展开天线基本单元为研究对象，提出一种金属网面可展开天线基本单元的构型综合方法。建立基本单元的拓扑图模型，并对构件及运动副的拓扑对称性进行判断，得到所有满足拓扑要求的基本单元的构型方案。基于可展开天线模块化结构基本单元的设计要求，采用模糊综合评价的方法对基本单元进行优选，确定综合性能最优的方案。

(2) 模块化可展开天线支撑机构的空间几何建模

为保证天线支撑机构的展开精度，提出模块化可展开天线工作表面的拟合方法，基于齐次坐标变换方法，分别建立两种类型的支撑机构的空间几何模型，分析等尺寸模块几何模型中连接偏差产生的原因并给出偏差的调整方法，提出模块分层次拓扑的概念，对建立的模型进行验证。

(3) 模块化可展开天线支撑机构动力学特性研究

可展开天线尺寸大、刚度低、在轨运行阶段易振动，为了解支撑机构的动力学特性，基于子空间法对其进行模态分析，得到结构的前十阶固有频率和振型，分析结构在周期载荷作用下的响应情况以及结构参数对固有频率的影响，为支撑机构的结构优化与设计提供理论参考。

(4) 模块化可展开天线支撑机构优化与设计

刚度和质量是评价可展开天线结构性能的两个重要指标，以刚度最大和质量最小为优化目标，采用BP(Back Propagation)神经网络建立优化的目标函数，基于遗传算法对结构设计参数进行多目标优化，以此为基础对主要杆件及驱动机构等进行结构设计。

(5) 模块化可展开天线支撑机构试验研究

为更好地模拟空间环境和更真实地反映支撑机构的工作状态，设计一套零重力实验装置，对支撑机构进行展开精度试验，测量支撑机构的形面精度和重复展开精度等内容，以及进行支撑机构动力学特性的试验研究，将试验结果与理论和仿真分析进行对比及验证。

1.6 本章小结

本章介绍了空间可展开天线的基本概念、结构组成、应用背景及国内外研究及应用现状。同时结合目前及未来空间科学技术及航天任务的发展，对空间可展开天线开展了需求分析，并提出了大型化、高精度化和轻量化等三个重点的发展方向。提出了模块化空间可展开天线的基本定义，阐述了其支撑机构的主要特征。

参考文献

[1] 刘荣强，史创，郭宏伟，等.空间可展开天线机构研究与展望[J].机械工程学报，2020，56(5)：1-12.

[2] KOSINSKI R, MUKHORTAVA A, PFEIFER W, et al. Sites of high local frustration in DNA origami[J].Nature communications,2019,10(1):1061-1080.
[3] CHEN Y, PENG R, YOU Z. Origami of thick panels[J].Science,2015,349(6246):396-400.
[4] TIBERT G. Deployable tensegrity structures for space applications[D]. Stockholm:Royal institute of technology department of mechanics,2002.
[5] GUEST S D, PELLEGRINO S. A new concept for solid surface deployable antennas[J]. Acta astronautica,1996,38(2):103-113.
[6] FREELAND R E, BILYEU G D, VEAL G R, et al. Large inflatable deployable antenna flight experiment results[J]. Acta astronautica,1997,41(4):267-277.
[7] 谢军.充气膜结构的褶皱及振动特性研究[D].哈尔滨:哈尔滨工业大学,2012.
[8] CHRISTOPHER G M, WILLIAM G D, MICHAEL L P, et al. Experimental characterization and finite element analysis of inflated fabric beams [J]. Construction and building materials,2009,23(5):2027-2034.
[9] IM E, THOMSON M, FANG H F, et al. Prospects of large deployable reflector antennas for a new generation of geostationary doppler weather radar satellites[C]//AIAA space 2007 Conference and Exposition. Long Beach:AIAA,2007.
[10] MEDZMARIASHVILI E, TSERODZE SH, TSIGNADZE N, et al. A new design variant of the large deployable space reflector[C]//The 10th biennial international conference on engineering, construction, and operations in challenging environments. Houston:ASCE,2006.
[11] TAN L T, PELLEGRINO S. Stiffness design of spring back reflectors [C]//43th AIAA/ASME/ASCE/AHS/ASC Structures, Structural Dynamics, and Materials Conference. Denver:AIAA,2002.
[12] HANAYAMA E, KURODA S, TAKANO T, et al. Characteristics of the large deployable antenna on HALCA satellite in orbit[J]. IEEE transactions on antennas and propagation,2004,52(7):1777-1782.
[13] UCHIMARU K, NAKAMURA K, TSUJIHATA A, et al. Large deployable reflector on ETS-Ⅷ(second report)[C]//18th AIAA International Communications Satellite Systems Conference and Exhibit. Oakland: AIAA,2000.

[14] THOMSON M W. AstroMesh™ deployable reflectors for Ku and Ka-band commercial satellites[C]//20th AIAA International Communication Satellite Systems Conference and Exhibit. Montreal, Quebec:AIAA,2002.
[15] GUAN F L, SHOU J J, HOU G Y, et al. Static analysis of synchronism deployable antenna[J]. Journal of Zhejiang University: science, 2006, 7(8):1365-1371.
[16] 潘亮来,关富玲,黄河.星载刚性可展开抛物面的设计与展开分析[J].空间结构,2018,24(2):67-71.
[17] 关富玲,戴璐.双环可展桁架结构动力学分析与试验研究[J].浙江大学学报(工学版),2012,46(9):1605-1610,1646.
[18] 段宝岩,张逸群,杜敬利.大型星载可展开天线设计理论、方法与应用[M].北京:科学出版社,2019.
[19] 冯树飞,段学超,段宝岩.一种大型全可动反射面天线的轻量化创新设计[J].中国科学:物理学 力学 天文学,2017,47(5):78-90.
[20] 段宝岩.柔性天线结构分析、优化与精密控制[M].北京:科学出版社,2005.
[21] LI P, LIU C, TIAN Q, et al. Dynamics of a deployable mesh reflector of satellite antenna: form finding and modal analysis[J].Journal of computational and nonlinear dynamics,2016,11(4):041017.
[22] 李培,马沁巍,宋彦平,等.大型空间环形桁架天线反射器展开动力学模拟与实验研究[J].中国科学:物理学 力学 天文学,2017,47(10):3-11.
[23] 胡海岩,田强,张伟,等.大型网架式可展开空间结构的非线性动力学与控制[J].力学进展,2013,43(4):390-414.
[24] SONG X K, DENG Z Q, GUO H W,et al.Networking of bennett linkages and its application on deployable parabolic cylindrical antenna[J].Mechanism and machine theory,2017,109:95-125.
[25] 刘瑞伟,郭宏伟,刘荣强,等.大口径索肋张拉式折展天线索网结构动力学特性分析[J].机械工程学报,2019,55(12):1-8.
[26] 韩莹莹,袁茹,王三民.环状可展机构构型设计的 D-H 矩阵传递法[J].西北工业大学学报,2012,30(5):796-801.
[27] 吴明儿,张振昌,关富玲.单层构架式可展结构平面度分析与测试[J].载人航天,2017,23(4):529-535.
[28] 陈务军,张丽梅,董石麟.索网结构找形平衡形态弹性化与零应力态分析[J].上海交通大学学报,2011,45(4):523-527.
[29] 徐磊,何柏岩,方永刚.环形天线索网反射面成形方法研究[J].空间结构,

2014,20(1):64-69.
[30] 韩博,许允斗,韩媛媛,等.基于螺旋理论的环形桁架式可展天线构型综合[J].宇航学报,2019,40(7):831-841.
[31] 马小飞,李洋,肖勇,等.大型空间可展开天线反射器研究现状与展望[J].空间电子技术,2018(2):16-26.
[32] 郭宏伟,刘荣强,李兵.空间可展开天线机构创新设计[M].北京:科学出版社,2018.

第2章 空间可展开天线设计及试验方法研究现状

2.1 设计理论与方法研究现状

为了满足多功能、大容量、高功率的传输需求，卫星通信必须开辟更高的频段，达到更大的增益，这就需要天线具有更小的收拢体积、更大的展开口径、更高的结构刚度、更轻的质量和更高的展开精度。研制适应发展要求的新型可展开天线成了许多国家和科研机构普遍关注的问题。空间可展开天线类型繁多、形式各异，但其相互之间又存在一定的联系，目前的理论研究主要集中在构型创新设计、结构动力学特性、结构优化设计等三个方面。

2.1.1 构型创新设计

N. Kishimoto 等[1-2]通过对自然界中飞蛾、树叶等生物生长过程中形态变化的研究，从形态学角度提出了很多可展开结构的构型；为了满足未来空间结构系统适应环境能力的需要，还设计了多级模块化结构，通过模块不同的组合达到不同的形态。

D. B. Warnaar 等[3-4]采用图论的方法对具有可展性的空间机构的概念性设计进行了研究，分析了如何利用节点数与构件数穷举出符合要求的图的过程，并从综合出的图中得到了很多新的机构类型。

Y. Chen 等[5]基于几何直观法对 Bennett 机构和 Bricard 机构等进行了扩展和延伸，通过将多个相同类型的过约束闭链机构进行组合，得到了许多新型可展开机构。

Z. Deng 等[6]基于 Lie 群理论对仅含转动副的单开链进行了构型综合，并由此组成了具有结构对称性的单闭环空间可展机构，同时研究了机构的折展性能。

J. S. Zhao 等[7]根据剪叉式机构原理综合出了一种具有展收功能的梯子，根据梯子的两个极限位置合成执行机构，并对其适应性进行了研究。

X. Kong[8]基于螺旋理论，将球形机构、平行四边形机构和 Bennett 机构进行叠加，综合出一系列单闭环机构。另外，J. E. Baker 等针对空间单闭环过约束机构，提出了基于典型 Bennett 机构的综合方法，并综合出许多新的机构形式[9]。

杨佳鑫等[10]对航天可展收机构结构的一体化设计理论与方法进行了研究，提出了基于单元机构的组合重构设计方法，设计了基于第三类 Bricard 机构的新型可展/收机构和基于 Bennett 机构的弧面拟合可展/收机构等多种可展机构。

剑桥大学和 NASA 等科研单位也对可展开机构进行了较深入的研究，将刚性桁架与柔性索相结合，提出了很多可展开机构构型。

可展开机构作为机构学的一个分支，其他机构综合方法也对可展开机构的构型综合有着重要的参考价值，特别是近年来取得了很多研究成果的并联机构的综合方法。并联机构的构型综合方法主要有：J. M. Hervé 等[11]提出了位移子群综合理论，Z. Huang 等[12]提出了基于螺旋理论的综合方法，T. L. Yang 等[13]提出了以单开链为基本单元进行结构综合的方法，F. Gao 等[14]提出了 GF 综合法。利用这些方法和理论综合出了大量的新型并联机构，但这些机构的构型普遍较为复杂，其理论对宇航空间可展开机构特点的适应性和应用性研究还有待深入。

2.1.2　结构动力学特性

可展开天线属于多柔体结构，展开口径大、刚度低，在姿态调整和在轨运行等阶段都可能产生强烈振动、结构耦合干扰等动力学问题。对天线进行动力学分析，有利于掌握天线系统的动力学特性从而为天线结构的优化及设计、展开过程的控制、驱动系统的设计等提供重要的依据。国内外许多学者都对这一问题进行了不同程度的研究。

M. Misawa 等[15]对可展开天线发射前的频率进行了分析及试验验证，分析了模块数量变化时天线频率的变化趋势，并对天线频率进行了预测。

K. Ando 等[16]对可展开天线的网面及支撑机构进行了多柔体动力学分析，开发了多柔体动力学软件 SPADE（Simple Partitioning Algorithm based Dynamics of finite Element），在理论分析的基础上设计了一个天线的原理样机并对其进行了试验研究。

V. I. Usyukin 等[17]对大型自展开桁架天线的结构进行了研究，建立了天线的数学模型，分析了杆件所受的载荷，分别根据仿真原理和物理方程，对天线的展开状态进行了建模。这些模型有利于描述天线的展开特征，计算驱动源所需要的势能，定义运动参数等。

高海燕等[18]对 10 m 口径的径射状可展开天线进行了分析，建立了结构的有限元模型，对5种不同结构方案的固有频率和质量进行了对比分析，研究了铰链质量、缆绳截面大小等参数对固有频率的影响规律。

闫军等[19]从几何非线性角度对大型空间抛物面天线的计算模型、拉索单元选择等问题进行了探讨，对环形桁架网状抛物面天线进行了有限元建模，并对其进行了模态分析，得到了这类天线的动力学振动特性。

王建立[20]对挠性多体卫星天线展开及指向控制问题进行了研究，利用拉格朗日方程建立了相控天线展开的动力学模型，在考虑柔性耦合影响的基础上，对天线展开过程进行了数学仿真及分析。

赵孟良等[21]对电机驱动的周边环形桁架式可展天线结构展开过程动力学理论分析进行了研究，建立了包含摩擦阻尼的展开分析动力学方程，给出了整个动力学方程的数值求解方法。

张春等[22]将多级剪刀机构与复式螺旋机构相组合，提出一种新型的径射状可展开天线伸展机构，采用动力有限元法建立了空间可展开天线单支机构的动力学模型，并进行了弹性动力学分析。

周志成等[23]对径向肋可展开天线进行了非线性结构系统的有限元分析，建立了拉索和间隙接触的非线性模型。

2.1.3 结构优化设计

根据可展开天线的使用需求，除了迫切需要大口径、高收纳率的新型可展开天线机构外，研制具有结构质量轻、形面精度高、刚性好等综合性能优良的可展开天线也是一个重要的发展方向，这就需要在可展开天线结构的优化设计方面开展深入的研究。大口径可展开天线具有结构尺度大、刚度低、展开过程易振动等特点，其设计过程存在大量离散的设计变量，具有多个局部最优点，表现出非线性、强耦合的特点。国内外学者在可展开结构优化方面也开展了较为深入的研究。

V. Sunspiral 等[24]用线性化分析方法及最小质量优化、最佳轨迹规划、有效控制能量等对张拉整体结构进行了设计。

K. Nagase 等[25]提出张拉整体结构基于力密度和连接矩阵的线性规划思想，在优化结构最小设计质量方面取得了突破性进展。

G. G. Yang 等[26]提出一种基于力密度的网状可展开天线索网结构初始形态设计方法，通过优化实现了前、后索网的初始形态设计，提高了索网张力的均匀性。

Z. W. Wang 等[27]研究了索网结构形面主动调整方法，将压电陶瓷作动器与柔性索相集成，建立了索网结构的形面主动调整优化模型。

狄杰建等[28]采用遗传算法对索网式展开天线结构的初始设计进行了优化

研究，以上、下索网之间的纵向调整索数与索张力为设计变量，以表面精度与纵向调整索数为目标，以应力和频率为约束条件，建立双目标优化数学模型，有效提高了天线的表面精度。

李彬[29]以网状反射面可展开天线为对象，以索的力密度为设计变量，以天线网面精度及预拉力分布均匀性为目标函数，建立了基于力密度法的天线索网结构找形优化模型，通过算例进行了检验，该找形方法可以获得较高的网面精度和较均匀的索网预拉力。

张琪[30]对环形桁架式可展开天线机构进行了优化研究，利用 ANSYS 软件进行了天线机构在完全展开态的结构动力学分析和模态分析，得到天线机构前十阶固有频率。在此基础上，以一阶固有频率和质量为目标，对结构参数进行了优化设计。

万小平等[31]采用神经网络和遗传算法相结合的方式对环形可展开卫星天线的结构进行了优化设计，结合正交实验和变加权系数技术，形成了一种有效的多目标优化算法。求得了天线的最佳结构参数，解决了带有结构有限元计算、多目标相结合的复杂结构优化设计问题。

高海燕[32]采用神经网络和免疫算法相结合的方式对径射状可展开天线结构参数进行了优化，计算分析了参数对天线固有频率和质量的影响灵敏度，将对固有频率和质量影响较大的三个参数作为设计变量，建立了天线结构多目标优化设计模型，解决了多离散变量的优化问题。

尤国强[33]提出了一种可使索网式可展开天线索网体系具有理想形态的天线整体优化方法，以结构质量最轻为优化目标，以天线节点位移精度为约束条件，结合索梁组合结构形态迭代计算方法开展优化研究，在保证了结构参数最优的同时，还能够保有预设的理想索网形态。

2.2　微重力试验方法研究现状

空间可展开天线在轨工作时处于重力场近乎为零的微重力（大约为 $10^{-4}g$，g 为重力加速度，以下相同）空间环境中[34-35]，而其装配、测试、试验等大量的前期研究工作则需要在地面环境（$1g$）中开展。两者较大的重力场环境差异，使得地面试验显得尤为关键而重要，地面试验的准确性、充分性将直接影响空间可展开天线在轨工作特性、传输效率、寿命及可靠性等指标参数，并在一定程度上决定着整个空间任务的成败。因此为了真实、深入、准确地掌握可展开天线结构在空间环境的工作特性，降低空间任务实现的难度和风险，需要在地面营造近乎失重的空间环境，设计相应的微重力环境模拟试验装置，开展空间可展开天线仿真空间环境的试验研究。

2.2.1 国外研究现状

微重力环境模拟的方法从工作原理上，大致可以分为运动法和力平衡法两种类型[36]。运动法是指在微重力试验中，使被测试物体按照某种轨迹进行运动，让其自身的重力尽可能全部转化为运动所需的加速度或离心力等外载荷，从而消除重力对物体运动影响的方法。运动法的实现形式主要包括落塔法、抛物线飞行法、高空气球法和探空火箭法等；力平衡法是指通过设计某种力平衡装置，使物体自身的重力与外力相互抵消，从而实现微重力模拟的方法。力平衡法包括水浮法、气浮法、悬吊法和电磁平衡法等。

本书重点对落塔法、抛物线飞行法、水浮法、气浮法和悬吊法等 5 种典型的微重力环境模拟方法进行综述。

2.2.1.1 落塔法

落塔法[37]又称落井法、落管法，是指采用特殊的试验装置使具有一定高度的试验舱处于真空状态，让物体在舱内执行自由落体运动，从而使物体获得微重力状态的方法。试验系统主要由内、外两个子系统组成，内部子系统主要包括试验舱和隔离舱，外部子系统包括落塔的支撑结构、试验舱的升降机构、减速机构、回收机构及抽真空机构等控制及操作机构。目前，美国、日本和德国等国家均建立了各自的微重力试验系统。

比较有代表性的落塔有：美国 NASA 的刘易斯研究中心于 19 世纪 60 年代建立了世界上第一座落塔试验系统，该系统深入地下 155 m，落差可以达到 132 m，微重力时间为 5.18 s，微重力水平为 $10^{-5}g \sim 10^{-6}g$，平均减速过载为 $35g$，峰值过载 $65g$[38]。

日本微重力中心在 20 世纪 90 年代初建成了世界上最大的微重力落塔试验系统，如图 2-1 所示，该塔以一个高度为 710 m、直径为 4.8 m 的矿井为基础进行改造，自由落体高度达到 490 m，微重力时间高达10 s，微重力水平为 $10^{-5}g$，减速过载小于 $10g$[39]。

德国不莱梅大学应用空间技术和微重力中心建立了一个高 146 m 的落塔，如图 2-2 所示，该塔可提供 4.74 s 的微重力时间，微重力水平为 $10^{-5}g \sim 10^{-6}g$，平均减速过载 $25g$，峰值过载 $50g$[40-41]。

落塔法的优点是具有较高的模拟精度（$<10^{-5}g$），可模拟三维空间环境，试验成本低，可重复性好，但落塔的建设成本较高，试验舱空间有限，单次模拟时间较短。

图 2-1　日本微重力中心落塔

图 2-2　德国不莱梅大学应用空间技术和微重力中心落塔

2.2.1.2　抛物线飞行法

抛物线飞行法[42-43]是指将被测试物体安置于对燃/滑油系统等适应性改装后的失重飞机内，让失重飞机按照抛物线轨迹飞行，使被测试物体获得微重力环境（$10^{-2}g$～$10^{-3}g$）的一种方法。失重飞机在进行抛物线飞行时单次可产生 20 s 左右的微重力时间，并且一次起落可以飞出 20～40 条抛物线，累积微重力时间可达到十几分钟。目前大型的失重飞机主要有美国的 KC-135-A、俄罗斯的 IL-76MDK、法国的 Caravelle 6R-234 和 A300B2-100、日本的 MU-300 等几种机型，表 2-1 列出了这几种飞机的主要性能参数[38,44]。

表 2-1　主要失重飞机性能参数

国别与机型	俄罗斯 IL-76MDK	美国 KC-135-A	法国 Caravelle 6R-234	法国 A300B2-100	日本 MU-300
实验室长/m	14.2	18	12.5	19.6	4.67
实验室宽/m	3.45	3.25	2.7	4.9	1.5
实验室高/m	3.4	2	1.9	2.3	1.45
乘客容量/人	17	23	21	40	8
单次时间/s	25～28	25	17～20	20～25	30
单次抛物线条数/条	15～20	20～30	40	40	30

2005 年 4 月 5 日，日本工程实验卫星 ETS-Ⅷ项目团队在一架由 A300 飞机改装的失重飞机（ZERO-G）上对 ETS-Ⅷ天线的部分模块（LDREX-2）进行了微重力环境下的展开试验[45]。在这次测试中，飞机在 3 h 的飞行过程中共飞出了 13 条抛物线。飞行试验现场照片如图 2-3 所示。

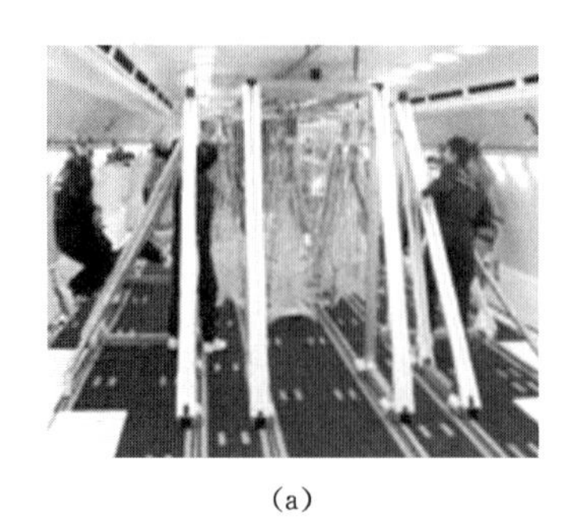

(a)

(b)

图 2-3 LDREX-2 飞行试验

(a) 试验中;(b) 试验后

2010 年 3 月 9 日,德国宇航中心(German Aerospace Center,DLR)J. Block 等[46]对小型卫星 AISat 用的螺旋可展开天线在 A300 Zero-G 飞机上进行了微重力环境下的展开试验,如图 2-4 所示,在这次试验中总共飞出了 31 条抛物线,每条抛物线可获得 22 s 的失重时间。

(a)

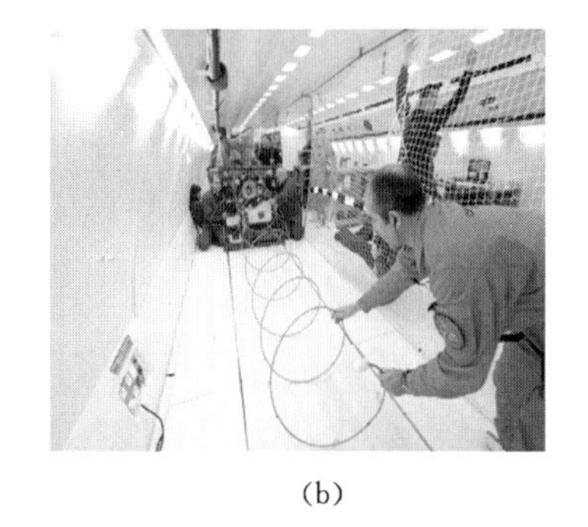

(b)

图 2-4 DLR 飞行试验

(a) 试验照片 1;(b) 试验照片 2

失重飞机的抛物线飞行大致分为 4 个阶段[43]:平飞加速阶段、跃升拉起阶段、失重飞行阶段、恢复平飞阶段。

平飞加速阶段:飞行员控制失重飞机进行抛物线飞行前的准备,使失重飞机进行水平加速飞行或小角度向下加速飞行。

跃升拉起阶段:失重飞机调整飞行速度和姿态等参数,按预定抛物线轨迹进行跃升,飞机仰角在 40°～50°。

失重飞行阶段:调整飞机推力,使飞机的升力与重力近似相等,飞机进行失重飞行。

恢复平飞阶段：调整油门杆和飞机姿态，将俯冲下降的飞机拉起，使飞机恢复正常的平飞状态。

图 2-5 是飞机抛物线飞行产生失重现象的原理示意图。

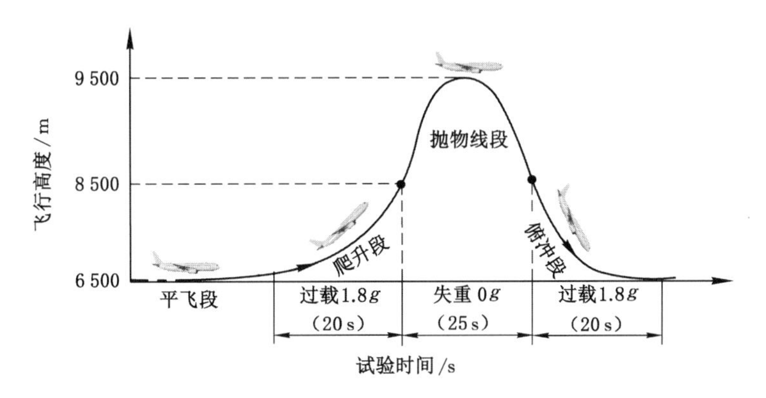

图 2-5　飞机抛物线飞行示意图

抛物线飞行法可以模拟三维微重力环境，试验舱空间较大(平均尺寸约为 15 m×3 m×2 m)，主要用于航天员失重训练，但模拟精度不高，单次试验时间较短，失重飞机改装成本较大，加/减速失重飞行过程中，载荷变化大，对飞机的可靠性和安全性有较大影响。

2.2.1.3　水浮法

水浮法[47]又称为中性浮力模拟法，是指将被测试物体经防水、防电等密封特殊处理后，放入水或特殊液体中，利用漂浮器、液体的浮力等来抵消被测试物体的重力，从而实现微重力环境的一种模拟方法。该方法主要用于对宇航员进行舱内操作、出舱行走、设备维修、搬运物体等模拟训练以及空间机械臂[48-49]、可展开天线等水下微重力试验。

目前，比较有代表性的水浮试验系统有俄罗斯加加林航天员训练中心于 20 世纪 70 年代建立的中性浮力水槽实验室，如图 2-6 所示。

该实验室拥有一个尺寸为 ϕ23 m×12 m 的圆柱形蓄水池，容积可以达到 4 983 m^3，实验室可以进行舱外活动仪器设备工效学评价试验、航天员舱外活动训练等试验研究工作[50]。

美国拥有 20 余座水下实验室，美国的大学、空军、海军及 NASA 等的很多科研机构均建有自己的水下模拟器，其中，位于休斯敦的 NASA 约翰逊空间中心建有世界上最大的水下实验室——中性浮力实验室(Neutral Buoyancy Labo-

图 2-6 俄罗斯中性浮力水槽实验室

ratory, NBL),如图 2-7 所示。该实验室为长方形结构,三维尺寸为 61.57 m×31.09 m×12.34 m,体积达到 23 621 m^3,该实验室可以将国际空间站模型按 1∶1尺寸放置于水池内,以供航天员进行高保真的模拟训练。

图 2-7 美国中性浮力实验室

美国 NASA 在所建造的中性浮力实验室中进行了大量的试验,比较典型的有哈勃望远镜修复的模拟试验[51]、大型抛物面精密反射器安装试验[52]、大型空间结构的出舱组装试验[53]等。其中,NASA 兰利研究中心对一个由 315 个零部件组成的口径为 14 m 的高精度卫星反射器在水中进行了组装,整个安装过程仅用时 3 h 7 min[52]。

1995 年,日本宇宙开发事业集团在茨城县筑波市的空间中心建立了一个微重力水下实验室,该圆筒形水槽的直径为 16 m,水深 10.5 m,主要用于航天员训练、实验舱的研制及维护规程的验证等[50]。

水浮法的优点是可以实现被测物体较大范围的三维运动、等比例的模拟试验及较长的试验时间;缺点是需要对被测试对象进行特殊的密封性处理,试验设备的维护比较困难,维护成本高,同时水流有黏性及阻力,为保证模拟的精度,被测物体仅能进行较低速率的运动。

2.2.1.4　气浮法

气浮法[54-57]是利用高压气流在光滑的气浮平台上形成气垫，将被测试物体托起，使气体悬浮力与物体重力相互抵消从而模拟微重力的一种方法。气浮系统的核心部件主要包括高精度的气浮平台、气浮轴承、供气系统，气浮轴承等气垫元件需要进行特殊的设计与制造，气源通常采用干燥净化的压缩空气，工作压力一般为 300～700 kPa。

美国斯坦福大学空间机器人实验室拥有多套气浮试验器[58]，该试验器主要用于模拟空间机械臂在轨维护、服务、安装和修理等空间科学任务，在该试验器上对一个双连杆机械臂的运动包络空间进行了模拟试验，机械臂能够在1.8 m×3.6 m 的气浮平台上自由运动，如图 2-8 所示。

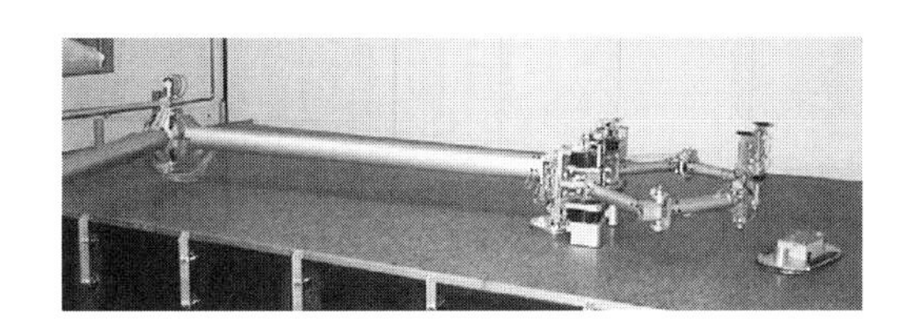

图 2-8　机械臂运动学试验

日本宇宙开发事业集团[59]在 Japanese Experiment Module(JEM)项目中针对空间站上使用的遥控机械臂系统(JEMRMS，Japanese Experiment Module Robotic Manipulator System)，采用气浮法对 JEMRMS 的主、副机械臂进行了地面试验，对机械臂的定位精度、负载能力、最大运动速度等性能参数进行了测试，验证了 JEMRMS 机械臂能够满足在轨工作的各项技术要求，如图 2-9所示。

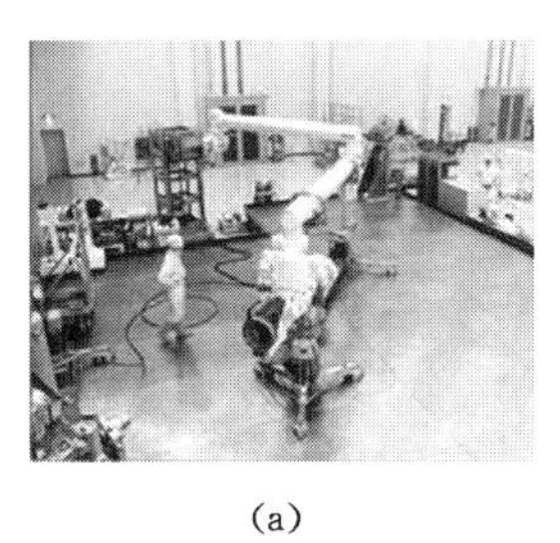

(a)

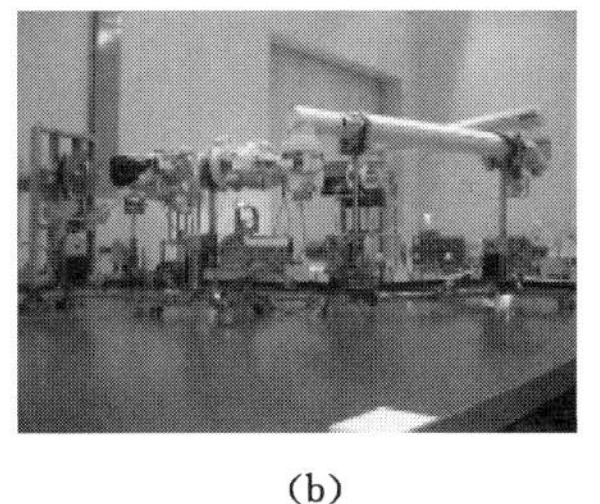

(b)

图 2-9　JEMRMS 机械臂气浮试验

(a) 试验设备调试；(b) 主臂气浮试验

气浮法的优点是研制成本低、摩擦力小、可进行较长时间和较高精度的微重力模拟、对试验件的体积及质量要求较低，但辅助系统较为复杂，主要用于二维平面状态的微重力模拟，三维状态模拟技术尚不成熟。

2.2.1.5　悬吊法

悬吊法[60]是指根据测试物体的具体结构，选定合适的吊点位置及吊点数量，利用吊索拉力平衡被测试物体重量的一种微重力模拟方法。悬吊法试验系统一般由支撑框架、拉力装置、随动装置以及控制系统等组成。按照重力补偿的方式，悬吊法可分为主动式和被动式两种，主动式重力补偿系统主要是指采用拉力传感器和力矩伺服电机，保证吊索实时保持恒定的拉力；被动式重力补偿系统主要是指采用传统的吊丝配重法，依靠配重块平衡物体的重力[61-62]。

悬吊法目前在空间可展开天线、机械臂、太阳翼等航天装备的地面模拟试验中应用较为广泛。比较典型的应用案例如下。

(1) ASCRL 微重力试验系统

日本先进空间通信研究实验室[63-64]（Advanced Space Communications Research Laboratory，ASCRL）研制了一个用于 7 个模块的构架式可展开天线的地面微重力试验系统，如图 2-10 所示。该系统是一种通过电磁力使滑块悬浮在水平顶板上，从而消除传统吊丝配重系统的摩擦力的一种试验系统。该试验系统由磁悬浮滑块、顶板、电源和控制系统等组成。磁悬浮滑块在顶板上的水平面内自由移动。水平运动时的最大阻力小于 0.1 N，吊索张力的控制误差小于 0.25 N，控制精度小于 0.5%，这种系统属于主动重力补偿系统。

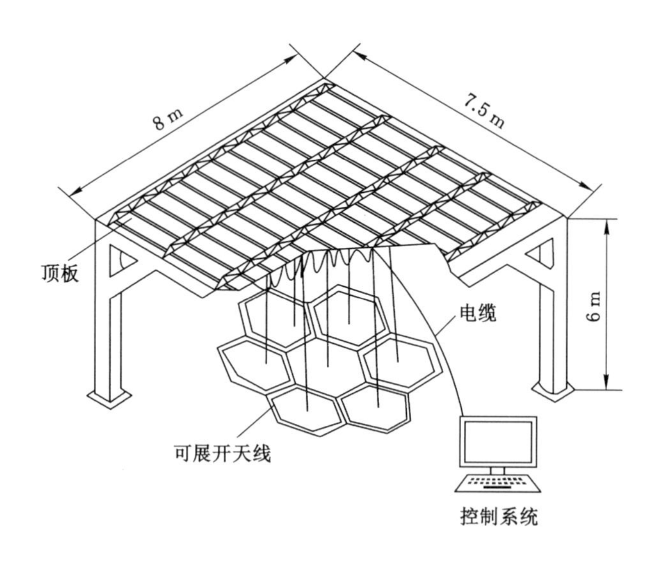

图 2-10　磁悬浮滑块式悬吊系统

(2) JAXA 微重力试验系统

日本宇宙航空研究开发机构[65-66](Japan Aerospace Exploration Agency,JAXA)对其研制的工程试验卫星 ETS-Ⅷ上的大型可展开天线进行了在轨模拟研究,设计了一种最大可支持 14 m 口径天线进行地面展开试验的微重力模拟系统,如图 2-11 所示。该系统采用的是吊丝配重法,每个模块有 6 个卸载点,每个卸载点吊索连接的配重块的质量是 0.5 kg。该系统虽然易于实现,但试验过程中的摩擦和惯性很难克服。

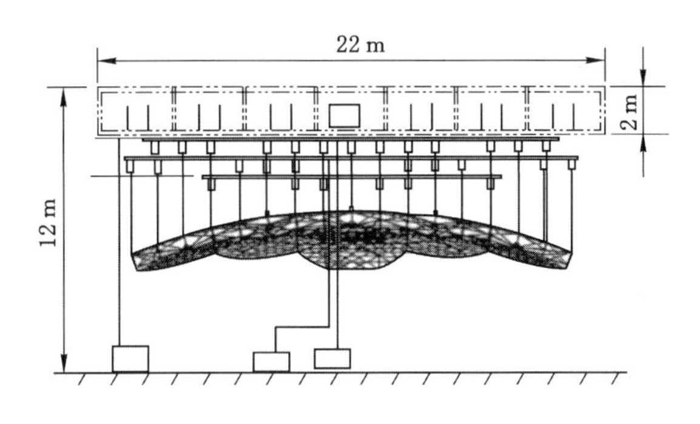

图 2-11　ETS-Ⅷ反射器展开试验系统

(3) 剑桥大学微重力试验系统

剑桥大学 A. Fischer 等[67]为欧洲空间局欧洲可回收平台(European Retrievable Carrier,EURECA)上使用的太阳翼研制了一套微重力试验系统,如图 2-12 所示。该系统有 4 个卸载点,可满足展开长度为 2.2 m,质量为 4.3 kg 的太阳翼的试验需求;同时建立了太阳翼及悬吊系统的力学模型,对展开过程中结构的受力情况进行了仿真分析及试验验证。

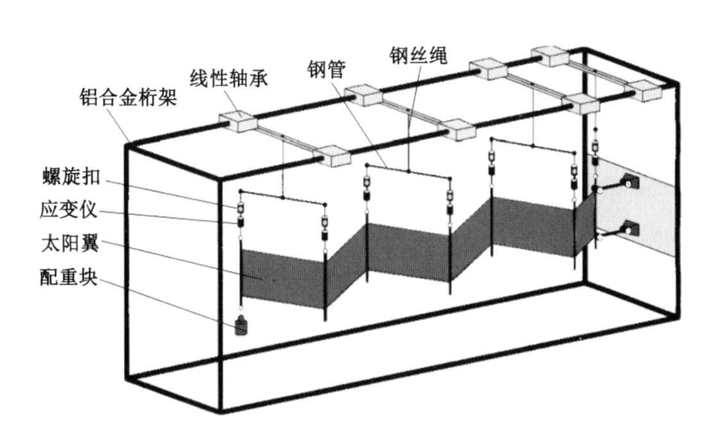

图 2-12　太阳翼模型和悬吊系统

(4) 卡耐基梅隆大学微重力试验系统

美国卡耐基梅隆大学[68-70]针对空间站上使用的自移动空间机械臂(Self Mobile Space Manipulator, SM^2)先后研制了两种悬吊式微重力试验系统,两个系统分别基于笛卡尔坐标系和极坐标系设计,图 2-13 所示为改进升级方案,具有更好的动态响应能力,系统主要由配重、吊索、电机、传感器和控制系统等组成,能够较好地对机械臂实施重力补偿。

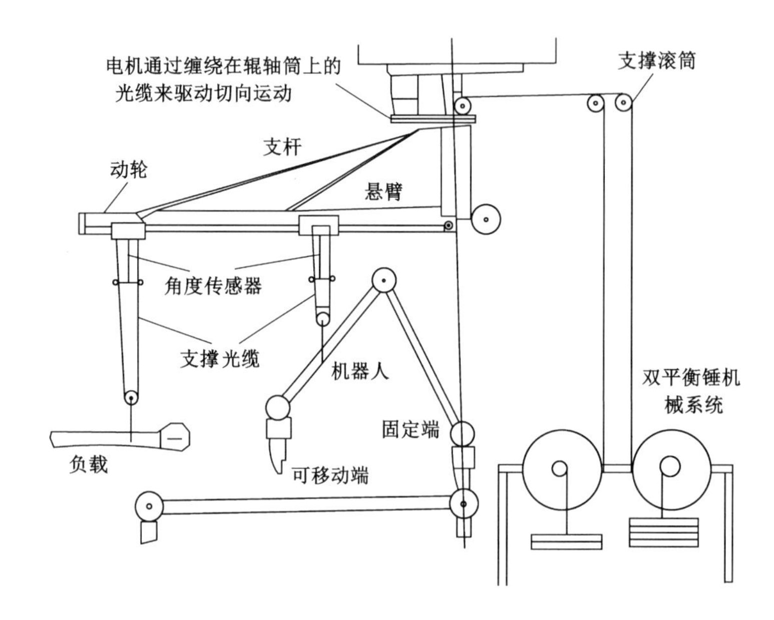

图 2-13 SM^2 的悬臂试验系统

(5) HALCA 可展开天线的微重力试验系统

HALCA 天线是日本宇宙科学研究所(Institute of Space and Astronautical Science, ISAS)给空间 VLBI 卫星 HALCA 设计的一个 8 m 口径的可展开天线。为了在地面验证天线的设计参数和可靠性,同时设计了一套地面试验系统,如图 2-14所示,用 18 个氦气球吊起金属反射网,每个伸展臂单独使用一个经典的吊丝配重系统,总共有 6 个伸展臂,T. Takano 等[71]用此试验系统成功地进行了 9 次试验,验证了展开的可靠性。

(6) 欧洲空间研究与技术中心(ESTEC, European Space Research and Technology Centre)微重力试验系统

N. Medzmariashvili 等[72-73]设计了一种由 V 形折叠杆构成的锥形环状可展开天线。如图 2-15 所示。

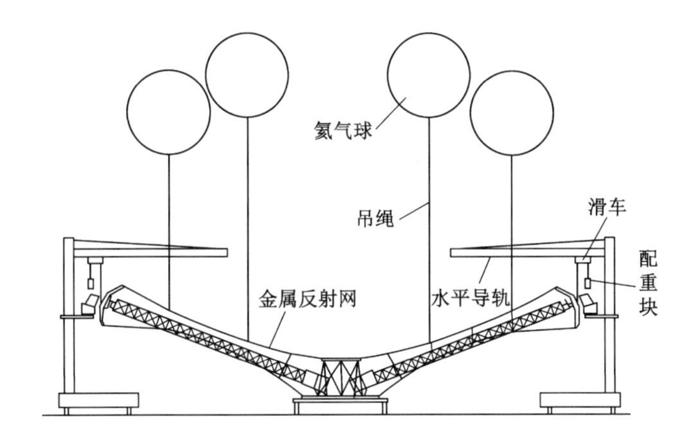

图 2-14　HALCA 天线试验系统

图 2-15　ESTEC 的重力补偿试验系统

为了在地面对天线的设计参数以及可靠性进行验证，他们同时设计了一套吊丝配重试验系统，制造了一个直径为 6 m、质量为 12 kg 的样机，并在欧洲空间研究与技术中心进行了展开试验。

悬吊法的优点是结构易于实现，可进行三维模拟，试验不受场地空间的限制，试验时间长，可重复使用，应用范围广。缺点是悬吊机构较为复杂，各构件间存在摩擦阻力，对测试精度会产生一定程度的影响。

2.2.2　国内研究现状

我国的微重力模拟研究起步较晚，以 20 世纪 90 年代，原国防科工委（现国防科工局）批准建立的“国家微重力实验室”为标志。经过多年的发展，随着我国载人航天、深空探测等空间科学研究的不断深入，我国的微重力模拟技术取得了长足的进步。

2.2.2.1 落塔法

中国科学院[74-75]于 2003 年 4 月建成了我国第一个微重力科学研究中心——国家微重力实验室,如图 2-16 所示。

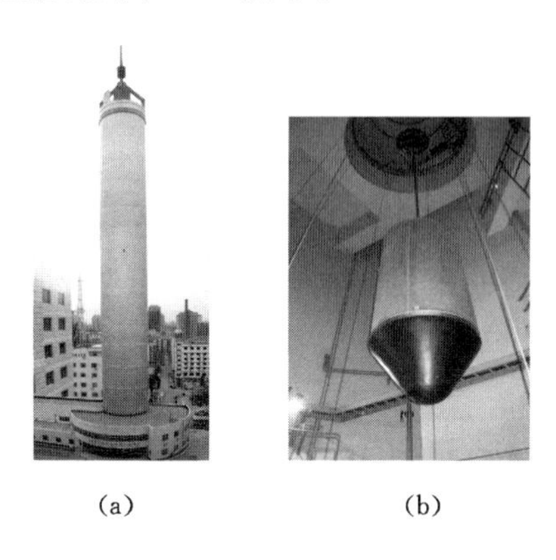

(a) (b)

图 2-16 国家微重力实验室落塔

(a) 落塔;(b) 落舱

该实验室采用落塔法原理,包括落塔和落管等试验设备。塔高 116 m,自由下落高度为 60 m,落塔微重力水平为 $10^{-5}g$,微重力时间为 3.5 s,实验载荷质量为 70 kg,配有先进的测量、监测与控制设备。落管自由坠落高度为 45 m,内径 200 mm,微重力时间为 3.26 s,微重力水平优于 $10^{-6}g$,配有电阻加热炉、电磁悬浮炉、电子束轰击炉等。该实验室在我国的载人航天和空间科学技术研究等方面发挥了重要的作用。

2.2.2.2 抛物线飞行法

我国在采用失重飞机进行微重力试验方面公开报道的文献较少。据原国家宇航局局长、我国首任“宇航员训练筹备组”组长薛伦的回忆及相关文献[76]记载:我国曾于 20 世纪 70 年代将一架歼-5 飞机改装成失重飞机,供我国第一代航天员的训练和选拔,同时开展其他航空航天试验任务。该飞机为我国载人航天事业的起步发展做出了巨大贡献。近年来,未见我国在此方向的研究报道。

2.2.2.3 水浮法

2007 年,中国航天员科研训练中心[77-78]建成了一个直径为 23 m,有效水深 10 m 的圆筒形失重训练水槽,如图 2-17 所示。该试验系统主要用于开展航天员出舱训练、出舱程序验证、航天器设计验证等相关技术研究。模拟失重训练水槽的主要试验设施包括:满足符合航天员和潜水员呼吸用气要求的试验设备;2 台升降航天员及仪器设备用岸边吊车;保证航天员在舒适温度下进行训练的水温调节系统;防止科研人员意外跌落水槽的岸边防护栏;航天员水下训练应急用供气设备。

图 2-17　航天员科研训练中心微重力水槽

西北工业大学航天飞行动力学技术国家重点实验室[79]是以北京航天飞行控制中心为主要依托单位，联合西北工业大学成立的国家级重点实验室。实验室以载人航天、深空探测等重大航天工程为背景，建有混合浮力微重力模拟试验系统，通过结合电磁力和水浮力来模拟微重力效应，如图 2-18 所示。

图 2-18　混合浮力微重力模拟试验系统

混合浮力微重力模拟试验系统被应用于对微型六自由度航天器运动的长时间、大规模、高水平的微重力环境模拟。

2.2.2.4　气浮法

哈尔滨工业大学气动技术中心是我国较早开展气浮仿真试验系统研制工作的单位，建有五自由度气浮台[80]。哈尔滨工业大学齐乃明等[81]提出了一种电机驱动和气悬浮组合的空间微重力地面模拟装置，如图 2-19 所示。该装置在水平方向采用气垫进行支撑，竖直方向采用电动机作为动力执行元件，采用滚珠丝杆作为传动元件，实现三维空间的微重力模拟，并采用神经网络等控制策略补偿系统中存在的不确定性影响，该系统达到了较高的模拟精度。

中国科学院沈阳自动化研究所杨国永等[82-84]为了在地面测试中继卫星天线驱动机构的性能，设计了一种分级同步重力卸载的气浮试验台，如图 2-20 所示。该试验平台采用两层结构的形式，用气浮垫和气浮主轴组合实现驱动机构的重力卸载，并提供了驱动机构所需的两个关节的转动自由度，同时对影响重力卸载精度的因素进行了分析及试验验证。

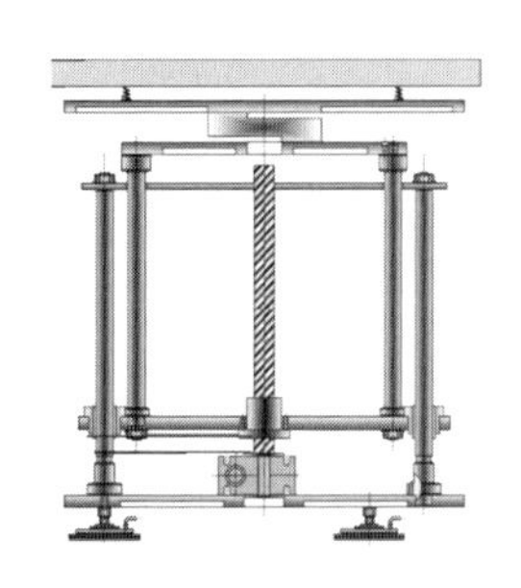

图 2-19　三维空间微重力模拟装置

图 2-20　气浮试验台

北京控制工程研究所与俄罗斯萨玛拉中央专门设计局进行技术合作，共同研制了大型三轴气浮平台全物理仿真系统，并对某大型航天器的单框架控制力矩陀螺控制系统进行了试验研究，同时，开展了高轨道卫星控制系统全物理仿真试验验证[85]。

西北工业大学[86-87]以航天器姿态运动为工程背景，以三轴气浮台为物理实验平台，研究了混沌控制与反控制问题，并提出了用外控制力矩进行混沌化及混沌控制实验的方法。

国防科学技术大学[88]对三轴气浮平台进行了研究，对总体结构方案进行了设计，提出了平台的姿态分析方法，建立了控制系统仿真模型，并进行了初步的单通道试验研究。

2.2.2.5　悬吊法

浙江大学空间结构研究中心[89]在此方向研究较早，针对所设计的多种构型可展开天线，提出了相应的微重力模拟方案。例如设计了四面体构架式可展开天线微重力装置，如图 2-21(a)所示，该装置采用中心立柱支撑天线中心节点，通过斜拉索抵消结构重力，并对展开过程中的运动特性进行了试验研究；双环形可展开桁架天线微重力装置，如图 2-21(b)所示，该装置利用弹簧绳在内外圈的 24 个节点处进行悬挂，用 12 根径向钢管作为天线的支撑结构，并对展开口径为 2 m的样机进行了模态试验。

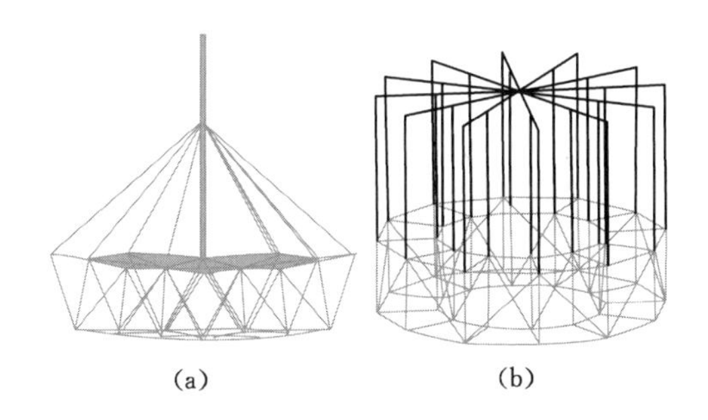

(a)　　　　　　　　(b)

图 2-21　四面体及双环形可展开天线微重力装置

(a) 四面体可展开天线;(b) 双环形可展开天线

Y. Q. Zhang 等[90]提出了一种索网组合式网面可展开天线动力学分析方法,采用弹性悬链线单元对松弛、张紧拉索进行了建模,基于拉格朗日方程,建立了可展开天线的柔性多体动力学模型,并设计了一套网面天线重力补偿系统,如图 2-22 所示。

图 2-22　网面天线重力补偿系统

该系统可满足展开口径 2 m 的缩比样机的试验要求,在该系统上测试并分析了展开角度与驱动力的关系,验证了分析方法的正确性。

哈尔滨工业大学宇航空间机构及控制研究中心[91-92]在此方向也有较深入的研究,设计了一种大型空间索杆铰接式伸展臂,并研制了相应的悬吊式微重力试验装置,如图 2-23 所示。在该装置上验证了伸展臂及驱动机构的展收功能,同时对重复展开精度和定位精度进行了测试;同时,该中心还设计了一种模块化构架式可展开天线地面试验用微重力环境模拟系统[93],该系统采用吊丝配重法补偿天线的重力，并设计了绳索缓释装置控制天线展开的速度，实现了天线7个模块的同步展开功能验证。

图2-23　索杆铰接式伸展臂重力补偿系统

中国科学院沈阳自动化研究所贺云等[94]为进行卫星天线展开臂的展开特性测试，设计了一种卫星天线随动吊挂重力补偿系统，如图2-24所示。该系统包括3轴随动吊挂机械臂、力跟随控制器及控制系统等装置，并验证了系统对被测试展开臂的跟随性能和重力补偿效果。

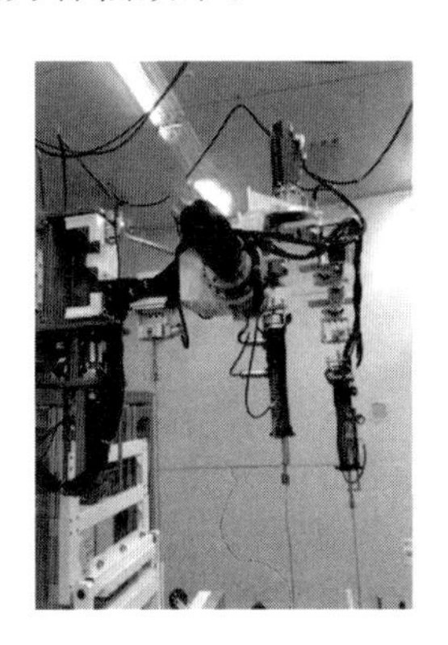

图2-24　卫星天线随动吊挂重力补偿系统

北京控制工程研究所张新邦等[95]对航天器的系统仿真技术进行了综述，对航天器机械系统和姿态控制系统的全物理仿真进行了重点阐述，简要介绍了“北斗”导航卫星太阳翼展开试验用悬吊式微重力系统，如图2-25所示。

北京卫星制造厂张加波等[96]设计了一种太阳翼重力补偿系统，该系统是一种通过真空负压吸附力使滑块吸附在水平顶板上，从而消除传统吊丝配重系统的摩擦力的试验系统。该试验系统由吸附滑块、顶板、空气压缩机和控制系统等组成。吸附滑块可在顶板上的水平面内自由移动，该系统的摩擦因数

图 2-25　“北斗”导航卫星太阳翼展开试验

能够控制在0.08以下，吊索在竖直方向的偏差角度不超过10°，在40 N的工作载荷下，重力补偿装置的响应误差为±5%，该系统属于被动式重力补偿系统。

北京工业大学机械结构非线性振动与强度北京市重点实验室W. Zhang等[97]为了研究环形桁架式大型空间可展开天线结构振动模态等动力学特性，设计并制造了一个环形桁架式可展开天线的缩比样机，该样机展开直径为1.8 m，高度为0.4 m，同时设计了一套实验装置，在此装置上进行了微重力环境下的模态试验，其模拟试验系统如图2-26所示。

图 2-26　环形桁架式可展开天线重力补偿系统

此外，中国空间技术研究院西安分院[98]、天津大学[99]、清华大学[100]、西北工业大学、北京航空航天大学等研究机构也都提出了很多新的悬吊式可展开天线重力补偿方案。

2.2.3　试验方法比较与分析

综合上述国内外各微重力模拟研究方法[44,101]的原理、特点，可以得到各方法的综合比较情况，见表2-2。

表 2-2 主要微重力模拟方法参数比较

模拟方法	落塔法	抛物线飞行法	水浮法	气浮法	悬吊法
空间模拟维度	3	3	3	2 或 3	3
微重力水平	$10^{-5}g \sim 10^{-6}g$	$10^{-2}g \sim 10^{-3}g$	$10^{-1}g$	$10^{-2}g \sim 10^{-4}g$	$10^{-2}g$
单次持续时间/s	≤10	17～1 000	无限制	无限制	无限制
被试件体积/m^3	<2	<221	取决于水槽尺寸	取决于试验台尺寸	取决于桁架尺寸
人为干预	间接	直接	间接	间接	间接
试验成本	较高	高	较高	较低	较低
难易程度	较困难	较困难	较容易	容易	较容易

进一步对表 2-2 中各参数从空间维度、微重力水平、持续时间、被试件体积等方面进行比较：

（1）空间维度。5 种微重力模拟方法均能够对被试物体进行空间三维模拟，但气浮法的技术成熟度相对较低，应用较少，在二维模拟方面应用较多。

（2）微重力水平。落塔法的微重力模拟精度最高，微重力水平<$10^{-5}g$，水浮法的精度最低，为<$10^{-1}g$，其余 3 种方法介于两者之间。

（3）持续时间。采用水浮法、气浮法和悬吊法进行试验时，可持续的时间最长，基本可以按照试验要求持续开展试验研究；落塔法的时间最短，小于 10 s；抛物线飞行法介于两类之间。

（4）被试件体积。与持续时间的结论相似，水浮法、气浮法和悬吊法可以对体积较大的物体进行试验；落塔法受塔身直径的限制，被试件体积较小；抛物线飞行法介于两类之间。

综上，通过对以上 4 个主要指标及其他方面进行的比较可见，在可展开天线微重力模拟方面，落塔法更适用于对可展开天线中体积较小的零部件或解锁、锁紧等某项关键技术进行试验研究，由此可以在较真实的微重力水平下获得较高的试验精度；水浮法的微重力水平较低，并且，由于可展开天线的杆件和运动副数量众多，结构较为复杂，对防水密封技术提出了很高的要求，实施方式也非常困难，同时，现有计算流体力学(Computational Fluid Dynamics，CFD)难以保证如此复杂结构及系统的模拟和计算精度；气浮法由于更多地应用于二维空间模拟，尚不适用于具有强三维结构特征的可展开天线微重力试验；抛物线飞行法在被试件体积及单次模拟时间方面偏弱，目前主要用于宇航员训练，不适用于可展开天线试验；悬吊法在 5 种典型方法中各项指标参数更为均衡，并无明显的弱项，且易实施、成本较低，得到了很多科研机构的青睐，是一种较为合适的可展开天线微重力模拟方法，具有较大的发展空间和应用潜力。

2.2.4　微重力试验发展趋势

近年来，美国、俄罗斯、日本和欧盟等航天大国和组织，分别提出了《国家航天战略》(美国)、《2016—2025年联邦航天计划》(俄罗斯)、《第四期中长期发展规划》(2018—2025年)(日本)和《欧洲航天战略》等航天战略和规划。

我国作为航天大国之一，对发展航天科技也始终保持着高度的重视。《中国制造2025》中指出，通过10年的努力，使中国迈入制造强国行列，为到2045年将中国建成具有全球引领和影响力的制造强国奠定坚实基础。其中"航空航天装备"领域明确指出："发展新型卫星等空间平台与有效载荷、空天地宽带互联网系统，形成长期持续稳定的卫星遥感、通信、导航等空间信息服务能力。"2016年3月，我国发布了《中华人民共和国国民经济和社会发展第十三个五年规划纲要》，简称"十三五"规划。规划提出了未来五年我国计划实施的重大工程及项目，"发展新型卫星等空间平台与有效载荷"作为一项工程位列其中，体现了国家的战略意图。由此可见，作为卫星重要载荷平台的空间可展开天线在我国的科技发展中具有非常重要的作用与影响。因此，为了满足我国经济和社会对可展开天线的迫切需求，推动可展开天线领域的快速发展，结合前文对国内外微重力模拟方法研究现状的阐述，对空间可展开天线微重力模拟方法、技术和系统等的研究提出以下几点展望。

2.2.4.1　结构尺度大型化

随着移动通信、对地观测、军事侦察和深空探测等领域的快速发展，可展开天线的口径呈现大型化发展趋势，十米级口径已难以满足发展需求，数十米乃至百米级超大口径可展开天线变得愈发迫切。开展超大口径可展开天线构型创新设计、测试、试验等技术预先研究成了此领域未来的发展方向。

目前，国内外的微重力系统尚不具备开展此巨型可展开天线等比例试验的能力。NASA约翰逊空间中心的中性浮力实验室虽然三维尺寸较大，但更多的是开展航天员出舱行走与空间站维护等训练任务，尚未有可展开天线整机在水下进行试验研究的案例，说明水浮法应用于可展开天线技术不够成熟。悬吊法在可展开天线试验中应用最多，系统的研制成本、周期和模拟精度等综合表现最好，但系统的尺寸普遍偏小。由此可见，随着可展开天线大型化的发展，微重力模拟系统也应朝着结构尺度的大型化趋势发展，尽可能保证地面验证的真实性和准确性；同时，作为技术储备，还需要在系统的缩放技术方面开展深入研究，提出微重力等效模拟方法，建立等效模拟仿真模型，形成缩放技术体系，发展缩放模拟系统。

2.2.4.2 卸载及测量高精度化

随着5G等新一代蜂窝移动通信技术的快速发展，人类对信息的传输量和传输速度提出了更高的要求。卫星通信的频率也逐渐由S和C频段向Ku和Ka频段提升，随之而来的是，要求可展开天线在保证大口径发展的同时，其形面精度也要越来越高。为了更真实地还原可展开天线在轨的工作状态，实现这一高精度要求，一个重要的手段是保证地面微重力模拟系统在卸载及测量方法方面的高精度。

可展开天线通常由众多杆件通过移动副、转动副等运动副连接而成，采用电机、弹簧、记忆合金等作为动力原件，采用绳索进行刚化，是一个典型的刚柔耦合系统。系统内构件多、运动副多，同时，运动副内的间隙及摩擦对结构的运动和受力有较大影响，卸载点的位置、数量和分布的确定显得尤为重要，需要开展卸载点布局优化研究，确定合理的卸载布局方案。同时，如何布置测量传感器，采用何种非接触测量方法以尽可能提升测量的准确性也是微重力模拟系统需要重点解决的问题。

2.2.4.3 试验手段多样化

具有大容量、多波段、大功率、多功能的卫星系统已经成为卫星技术未来发展的典型特征。作为卫星重要有效载荷平台的空间可展开天线，在完成数据传输、数据中继、目标识别、导航定位等多种任务的同时，还要能够适应微重力、高真空、超低温、强辐射等恶劣的空间环境，这些都对可展开天线的可靠性提出了非常高的要求。

为了保证任务实现的成功率，降低研制风险，需要在地面开展大量的、充分的试验研究，而这些大多以微重力模拟系统为平台，如开展形面精度测试、重复展开精度测试、运动特性测试、动力学特性测试等。但由前述的5种典型的微重力模拟方法可知，每种方法都有自身的优点，但也都存在一定的不足，如悬吊法易实施、易扩展，但模拟精度低；落塔法精度高，但试验时间短。单一的模拟方法无法胜任可展开天线全部的试验任务。由此可见，在对可展开天线进行地面试验研究时，要根据试验的内容采取合适的测试方法，并且要采取多种试验手段相结合的方式，充分发挥各方法的优点和长处。

2.2.4.4 试验系统通用化

空间可展开天线根据工作表面组成介质的不同，可以分为固体反射面式可展开天线、充气硬化式可展开天线和金属网面式可展开天线三个大类，每个大类又分为若干个小类，如金属网面式可展开天线又包括四面体式、环形桁架式、伸展臂式、构架式、折叠肋式等。由此可见，可展开天线种类繁多、形式多样，这给微重力系统的设计和研究带来了很大的难度。

目前采取的措施是进行“个性化”定制，根据所研究的天线设计对应的微重力模拟系统，这样做的优点是微重力卸载较为充分、模拟精度高，但系统的研制成本高、研制周期长、通用性差，无法满足可展开天线快速发展的要求。未来微重力模拟系统应当具有通用性、可扩展性、装拆灵活性等特点，在保留天线具体结构个性化的同时，兼顾其他相近形式天线的试验要求，形成一个满足多种天线开展微重力试验的综合验证平台。

2.2.4.5　模拟研究高保真化

空间可展开天线越来越复杂，研制成本也急剧上升，一旦在某个关键的微重力模拟试验环节出现缺失或反复将给整个科研项目带来不可估量的严重后果。

系统工程是一种对系统内各组成要素进行综合分析和研究的科学方法，它的目的是使系统的整体与局部之间达到协调统一和相互配合，实现总体的最优运行。仿真分析是一种将多参数、多变量的复杂系统进行简化处理，建立数学模型，并采用计算机/计算中心进行虚拟分析的方法，它的优点是可以缩短研制时间、降低研制风险和成本。由此可见，在可展开天线研制的整个过程中，统筹考虑设计、制造、试验等各个环节，开展基于系统工程的全过程、全三维、高精度仿真分析是可展开天线及其微重力模拟研究未来发展的一项关键技术。

2.3　本章小结

本章对空间可展开天线设计理论与方法、微重力试验等进行了综述。阐述了空间可展开天线构型创新设计、结构动力学特性、结构优化设计等方面的研究进展。介绍了 5 种典型微重力试验方法的国内外研究现状，分析比较了每种试验方法的特点及优缺点，同时对微重力试验的发展趋势进行了展望。

参考文献

[1] KISHIMOTO N, NATORI M C, HIGUCHI K, et al. New deployable membrane structure models inspired by morphological changes in nature [C]//47th AIAA/ASME/ASCE/AHS/ASC structures, structural dynamics, and materials conference. Newport:AIAA,2006:3722-3725.

[2] KISHIMOTO N, NATORI M C. Control and mechanical characteristics of hierarchical modular structures[C]//46th AIAA/ASME/ASCE/AHS/ASC structures, structural dynamics, and materials conference. Austin: AIAA,2005:1967-1980.

[3] WARNAAR D B, CHEW M. Kinematic synthesis of deployable-foldable truss structures using graph theory, part 1: graph generation[J]. Journal of mechanical design, transactions of the ASME,1995,117(1):112-116.
[4] WARNAAR D B, CHEW M. Kinematic synthesis of deployable-foldable truss structures using graph theory, part 2: graph generation[J]. Journal of mechanical design,1995,117(1):117-122.
[5] CHEN Y, YOU Z. Connectivity of bennett linkages[C]//43rd AIAA / ASME /ASCE /AHS/ASC structures, structural dynamics, and materials conference. Denver:AIAA,2002:2318-2324.
[6] DENG Z, HUANG H, LI B, et al. Synthesis of deployable/foldable single loop mechanisms with revolute joints[J]. Journal of mechanisms and robotics,2011,3(3):031006.
[7] ZHAO J S, WANG J Y, CHU F, et al. Mechanism synthesis of a foldable stair[J]. Journal of mechanisms and robotics,2012,4(1):014502.
[8] KONG X. Type synthesis of single-loop overconstrained 6r spatial mechanisms for circular translation[J]. Journal of mechanisms and robotics, 2014,6(4):041016.
[9] BAKER J E. The bennett, goldberg and myard linkages-in perspective[J]. Mechanism and machine theory,1979,14(4):239-253.
[10] 杨佳鑫,吕胜男,丁希仑.基于 Bennett 机构的柱面拟合可展机构设计及分析[J].深空探测学报,2017,4(4):340-345.
[11] HERVÉ J M. Analyse structurelle des mécanismes par groupe des déplacements[J]. Mechanism and machine theory,1978,13(4):437-450.
[12] DAI J S, HUANG Z, LIPKIN H. Mobility of overconstrained parallel mechanisms[J]. Journal of mechanical design,2006,128(1):220-229.
[13] JIN Q, YANG T L. Theory for topology synthesis of parallel manipulators and its application to three-dimension-translation parallel manipulators[J]. Journal of mechanical design,2004,126(4):625-639.
[14] GAO F, ZHANG Y, LI W. Type synthesis of 3-DOF reducible translational mechanisms[J]. Robotica,2005,23(2):239-245.
[15] MISAWA M, OGAWA A. Analytical and experimental frequency verification of deployed satellite antennas[C]//44th AIAA/ASME/ASCE/AHS structures, structural dynamics, and materials conference. Norfolk:AIAA,2003:879-885.

[16] ANDO K，MITSUGI J，SENBOKUYA Y. Analyses of cable-membrane structure combined with deployable truss[J]. Computers and structures，2000，74(1)：21-39.

[17] USYUKIN V I，ZIMIN V N，MESHKOVSKY V E，et al. Large self-deployable truss space antennae：structure and models [C]//3rd International conference on mobile and rapidly assembled structures. Madrid：WITPress，2000：175-183.

[18] 高海燕，袁茹，王三民.径射状可展开天线反射器结构固有模态分析[J]. 机械设计与制造，2007，5：174-176.

[19] 闫军，袁俊刚.大型空间抛物面天线非线性有限元建模分析[C]//2007年全国结构动力学学术研讨会.南昌：中国振动工程学会结构动力学专业委员会，2007：262-267.

[20] 王建立.挠性多体卫星天线展开及指向控制的研究[D].哈尔滨：哈尔滨工业大学，2009.

[21] 赵孟良，关富玲.考虑摩擦的周边桁架式可展天线展开动力学分析[J].空间科学学报，2006，26(3)：220-226.

[22] 张春，王三民，袁茹.空间可展机构弹性动力学特性研究[J].机械科学与技术，2007，26(11)：1479-1489.

[23] 周志成，曲广吉.星载大型网状天线非线性结构系统有限元分析[J].航天器工程，2008，17(6)：33-38.

[24] SUNSPIRAL V，GOROSPE G，BRUCE J，et al. Tensegrity based probes for planetary exploration：entry，descent and landing (EDL) and sur-face mobility analysis[J].International journal of planetary probes，2013(6)：1-13.

[25] NAGASE K，SKELTON R E. Minimal mass design of tensegrity structures[C]//Sensors and smart structures technologies for civil，mechanical，and aerospace systems 2014. San Diego：SPIE，2014：1-10.

[26] YANG G G，DUAN B Y，ZHANG Y Q，et al. Uniform-tension form-finding design for asymmetric cable-mesh deployable reflector antennas [J]. Advances in mechanical engineering，2016，8(9)：1-7.

[27] WANG Z W，LI T J，CAO Y Y. Active shape adjustment of cable net structures with pzt actuators[J]. Aerospace science and technology，2013，26(1)：160-168.

[28] 狄杰建，段宝岩，杨东武，等.索网式星载展开天线结构纵向调整索数及其初始张力的优化[J].机械工程学报，2005，41(11)：153-157.

[29] 李彬.网状反射面天线的结构优化设计研究[D].西安:西安电子科技大学,2010.

[30] 张琪.环形桁架式可展开天线机构的分析与优化研究[D].哈尔滨:哈尔滨工业大学,2016.

[31] 万小平,袁茹,王三民.环形可展开卫星天线的多目标结构优化设计[J].机械科学与技术,2005,24(8):914-916.

[32] 高海燕.径射状桁架天线模态分析与结构参数优化[D].西安:西北工业大学,2007.

[33] 尤国强.索网式可展开天线的形态分析与优化设计[D].西安:西安电子科技大学,2013.

[34] QIN L, JIA X J, LIU C F, et al. Friction compensation control of space manipulator considering the effects of gravity[C]//The 35th Chinese control conference. Chengdu:IEEE Computer Society,2016:951-956.

[35] QIN L, LIU F C, LIANG L H, et al. Fuzzy adaptive robust control for space robot considering the effect of the gravity[J].Chinese journal of aeronautics,2014,27(6):1562-1570.

[36] 姚燕生.三维重力补偿方法与空间浮游目标模拟实验装置研究[D].合肥:中国科学技术大学,2006.

[37] 刘春辉.微重力落塔试验设备[J].强度与环境,1993(4):41-52.

[38] 朱战霞,袁建平.航天器操作的微重力环境构建[M].北京:中国宇航出版社,2013.

[39] JACK L, ERIC N, RAYMOND S. Capabilities and constraints of NASA's ground-based reduced gravity facilities[C]//The second international microgravity combustion workshop, the cleveland airport marriott hotel.Cleveland: September,1992:15-17.

[40] KUFNER E, BLUM J, CALLENS N, et al. ESA's drop tower utilisation activities 2000 to 2011[J]. Microgravity science and technology,2011,23(4):409-425.

[41] A Fallturm.Centre of applied space technology and microgravity, the bremen drop tower [EB/OL]. [2020-01-04]. https://www.zarm.uni-bremen.de/de/fallturm/allgemeine-informationen.html

[42] KRAEGER A, PAASSEN R V. Micro and partial gravity atmospheric flight[C]//AIAA atmospheric flight mechanics conference and exhibit. Monterey:AIAA,2002:5-8.

[43] 屈斌，王启，王海平，等.失重飞机飞行方法研究[J].飞行力学，2007，25(2)：65-71.
[44] PLETSER V. Short duration microgravity experiments in physical and life sciences during parabolic flights：the first 30 ESA campaigns[J].Acta astronautica，2004，55(10)：829-854.
[45] H NODA.Japan aerospace exploration agency，engineering test satellite Ⅷ(ETS-Ⅷ)[EB/OL]. [2020-01-04].https://global.jaxa.jp/projects/sat/ets8/topics.html
[46] BLOCK J，BAGER A，BEHRENS J. A self-deploying and self-stabilizing helical antenna for small satellites[J]. Acta astronautica，2013，86：88-94.
[47] 丁敏.大跨度伸缩式零重力模拟试验装置设计与分析[D].哈尔滨：哈尔滨工业大学，2015.
[48] GEFKE G G，CARIGNAN C R，ROBERTS B J，et al. Ranger telerobotic shuttle experiment：a status report[J]. Proceedings of SPIE-the international society for optical engineering，2002(1)：123-132.
[49] CARIGNAN C R，AKIN D L. The reaction stabilization of on-orbit robots[J]. IEEE control systems，2001，20(6)：19-33.
[50] 成致祥.中性浮力微重力环境模拟技术[J].航天器环境工程，2000(1)：1-6.
[51] AKIN D，RANNIGER C，DELEVIE M. Development and testing of an EVA simulation system for neutral buoyancy operations[C]//AIAA，space programs and technologies conference.Reston：AIAA，1996：1-8.
[52] WALTER L，HEARD J，MARK S. Neutral buoyancy evaluation of extravehicular activity assembly of a large precision reflector [J]. Journal of spacecraft and rockets，1994，31(4)：569-577.
[53] ANDERSON D E，JAMES D G，MOORE T O. Using telerobotic operations to increase EVA effectiveness：results of aerobrake assembly neutral buoyancy testing[C]//AIAA/AHS/ASEE aerospace design conference. Troy：Institute of Electrical and Electronics Engineers Inc，1992：50-60.
[54] SCHWARTZ J L，PECK M A，HALL C D. Historical review of air-bearing spacecraft simulators[J]. Journal of guidance control and dynamic，2003，26(4)：513-522.
[55] MENON C，BUSOLO S，COCUZZA S，et al. Issues and solutions for testing free-flying robots[J]. Acta astronautica，2007，60(12)：957-965.
[56] RYBUS T，SEWERYN K. Planar air-bearing microgravity simulators：

Review of applications, existing solutions and design parameters[J]. Acta astronautica,2016,120:239-259.

[57] CHRISTIAN S. Canadian space robotic activities[J]. Acta astronautica, 2004,41(2):239-246.

[58] SCHUBERT H C, HOW J P. Space construction: an experimental testbed to develop enabling technologies[C]//Proceedings of SPIE: the international society for optical engineering,1997(3206):179-188.

[59] SATO N, WAKABAYASHI Y. JEMRMS design features and topics from testing[C]//6th International symposium on artificial intelligence, robotics and automation in space (iSAIRAS).Quebec:Canadian Space Agency,2001:18-22.

[60] SATO Y, EJIRI A, IIDA Y, et al. Micro-G emulation system using constant-tension suspension for a space manipulator[C]//IEEE international conference on robotics and automation. Sacramento: IEEE, 1991: 1893-1900.

[61] WHITE G C, XU Y. An active vertical-direction gravity compensation system[J]. IEEE transactions on instrumentation and measurement, 1994,43(6):786-792.

[62] MORITA T, KURIBARA F, SHIOZAWA Y, et al. A novel mechanism design for gravity compensation in three dimensional space[C]//2003 IEEE/ASME international conference on advanced intelligent mechatronics.Kobe: Institute of Electrical and Electronics Engineers Inc,2003.

[63] TSUNODA H, HARIU K, KAWAKAMI Y, et al. Deployment test methods for a large deployable mesh reflector[J]. Journal of spacecraft and rockets,1997,34(6):811-816.

[64] TSUNODA H, HARIU K, KAWAKAMI Y, et al. Structural design and deployment test methods for a large deployable mesh reflector[C]//The 38th structures, structural dynamics, and materials conference. Kissimmee: AIAA,1997:2963-2971.

[65] MEGURO A, SHINTATE K, USUI M, et al. In-orbit deployment characteristics of large deployable antenna reflector on board Engineering Test Satellite Ⅷ[J]. Acta astronautica,2009,65(9):1306-1316.

[66] MEGURO A, ISHIKAWA H, TSUJIHATA A. Study on ground verification for large deployable modular structures[J]. Journal of spacecraft

and rockets,2006,43(4):780-787.

[67] FISCHER A,PELLEGRINO S. Interaction between gravity compensation suspension system and deployable structure[J]. Journal of spacecraft and rockets, 2000,37(1):93-99.

[68] NECHYBA M C, XU Y. Human-robot cooperation in space: SM^2 for new space station structure[J]. IEEE robotics & automation magazine, 1995,2(4):4-11.

[69] XU Y, BROWN H B, FRIEDMAN M, et al. Control system of the self-mobile space manipulator[J]. IEEE transactions on control systems technology,1994,2(3):207-219.

[70] BROWN H B, DOLAN J M. A novel gravity compensation system for space robots[C]//ASCE specialty conference on robotics for challenging environments. Albuquerque:1994:250-258.

[71] TAKANO T, NATORI M, MIYOSHI K. Characteristics verification of a deployable onboard antenna of 10 m maximum diameter[J]. Acta astronautica,2002,51(11):771-778.

[72] MEDZMARIASHVILI N, MEDZMARIASHVILI E, TSIGNADZE N, et al. Possible options for jointly deploying a ring provided with V-fold bars and a flexible pre-stressed center[J]. CEAS space journal, 2013, 5(3/4):203-210.

[73] PROWALD J S, BAIER H. Advances in deployable structures and surfaces for large apertures in space[J]. CEAS space journal,2013,5(3/4): 89-115.

[74] National microgravity laboratory, Chinese academy of sciences, NMLC Overview[EB/OL]. [2020-01-04]. http://nml.imech.ac.cn/info/detail-newsb.asp? infono=12351.

[75] 张孝谦,袁龙根,吴文东,等.国家微重力实验室百米落塔实验设施的几项关键技术[J].中国科学:E 辑,2005,35(5):523-534.

[76] 叶介甫. 我国早期筹备宇航员训练始末[J].文史精华,2011(6):19-21.

[77] 姚燕生, 梅涛. 空间操作的地面模拟方法:水浮法[J]. 机械工程学报, 2008,44(3):182-188.

[78] 马爱军, 闫利, 徐水红, 等. 国内外典型航天特因环境选拔训练设备及其应用[J].航天器环境工程,2019,36(2):103-111.

[79] Northwestern polytechnical university, brief introduction of the key labo-

ratory of aerospace dynamics technology[EB/OL]. [2020-01-04]. http://kypt.nwpu.edu.cn/index.php? c=content&a=show&id=315.

[80] 许剑,任迪,杨庆俊,等.五自由度气浮仿真试验台的动力学建模[J].宇航学报,2010,31(1):60-64.

[81] 齐乃明,张文辉,高九州,等.三维空间微重力地面模拟试验系统设计[J].机械工程学报,2011,47(9):16-20.

[82] 杨国永,王洪光,姜勇,等.气浮试验台重力卸载精度分析[J].机械工程学报,2019,55(5):1-10.

[83] YANG G Y, WANG H G, XIAO J Z, et al. Research on a hierarchical and simultaneous gravity unloading method for antenna pointing mechanism[J]. Mechanical sciences,2017,8(1):51-63.

[84] YANG G Y, WANG H G, XIAO J Z, et al. Similarity analysis of antenna pointing mechanism running states in space and on the micro-gravity simulator [C]//The 6th IEEE international conference on cyber technology in automation, control and intelligent systems, Chengdu: IEEE,2016:77-81.

[85] 赵明.六自由度气浮台控制系统设计[D].哈尔滨:哈尔滨工业大学,2014.

[86] 孔令云,周凤岐.用三轴气浮台进行混沌控制与反控制研究[J].宇航学报,2007,28(1):99-102.

[87] 刘莹莹,周军,孙剑.卫星多轴指向姿态控制全物理仿真实验研究[J].宇航学报,2006,27(4):790-793.

[88] 鲁兴举.空间飞行器姿态控制仿真试验平台系统研究与设计[D].长沙:国防科学技术大学,2005.

[89] 关富玲,刘亮.四面体构架式可展开天线展开过程控制及测试[J].工程设计学报,2010,17(5):381-387.

[90] ZHANG Y Q, LI N, YANG G G, et al. Dynamic analysis of the deployment for mesh reflector deployable antennas with the cable-net structure[J]. Acta astronautica,2017,131:182-189.

[91] 郭宏伟,刘荣强,邓宗全.索杆铰接式伸展臂动力学建模与分析[J].机械工程学报,2011,47(9):66-71.

[92] 刘荣强,郭宏伟,邓宗全.空间索杆铰接式伸展臂设计与试验研究[J].宇航学报,2009,30(1):315-320.

[93] 田大可.模块化空间可展开天线支撑桁架设计与实验研究[D].哈尔滨:哈尔滨工业大学,2011.

[94] 贺云，张飞龙，杨明毅，等.卫星天线展开臂的随动吊挂重力补偿系统设计[J].机器人，2018，40(3)：377-384.

[95] 张新邦，曾海波，张锦江，等.航天器全物理仿真技术[J].航天控制，2015，33(5)：72-78.

[96] 张加波，王辉，李云，等.基于真空负压吸附的太阳翼重力卸载技术[J].机械工程学报，2020(5)：202-210.

[97] SIRIGULENG B, ZHANG W, LIU T, et al. Vibration modal experiments and modal interactions of a large space deployable antenna with carbon fiber material and ring-truss structure[J]. Engineering structures, 2019,207:1-13.

[98] 苏雯，杨淑琴，兰亚鹏，等.星载大口径网状天线重力卸载研究[J].机械制造，2019，57(6)：67-69.

[99] 彭浩，何柏岩.星载环形天线重力补偿新方法[J].中国机械工程，2019，30(4)：379-384.

[100] ZHAO Z H, FU K J, LI M, et al. Gravity compensation system of mesh antennas for in-orbit prediction of deployment dynamics[J]. Acta astronautica, 2020,167:1-13.

[101] SABURO M. Micro-gravity experiments of space robotics and space-used mechanisms at Tokyo Institute of Technology[J]. Journal of Japan society of microgravity application,2002,19(2):101-105.

第3章 可展开天线基本单元的构型综合与优选

3.1 引言

可展开天线构型的创新设计是可展开天线相关理论研究中最基础的问题。为了充分利用火箭有限的载荷舱，满足空间任务复杂性、多样性的发展需求，设计形式新颖、收纳率大、占用空间小的可展开天线是应首先考虑的问题。国内外许多学者和科研机构都对此提出了很多较好的构型，有的已经在轨运行。

金属网面式可展开天线支撑机构通常是由若干个相同的模块或基本单元组成，通过模块或基本单元的拓扑变换构成各种形状的天线。由于模块也是由若干个基本单元组成，因此基本单元是支撑机构的最小结构单元。

本章以金属网面式可展开天线基本单元为研究对象，基于图论理论提出一种金属网面式可展开天线基本单元的构型综合方法。建立了4种基本单元的拓扑图模型，利用邻接矩阵对构件及运动副的拓扑对称性进行了判别，得到所有满足拓扑要求的基本单元的构型方案。基于可展开天线模块化结构基本单元的设计要求，采用模糊综合评价的方法对基本单元进行了优选，确定了综合性能最优的方案。

3.2 可展开天线基本单元的构型综合方法

3.2.1 基本单元构型综合的前提条件

目前，金属网面式可展开天线中具有代表性的结构有：日本的工程试验卫星ETS-Ⅷ构架式可展开天线、美国的AstroMesh环形桁架式可展开天线、俄罗斯宇航局在“和平号”空间站上使用的四面体式可展开天线，此外还有环柱式、剪叉式、径向肋式、缠绕肋式、张力杆式等多种类型天线。ETS-Ⅷ的支撑机构由14个六棱柱模块组成，每个模块又由6个由中心向外呈辐射状发散的可展开基本单元组成；AstroMesh 采用环形桁架结构，整个桁架由数十个模块组成，每个模块又由 1 个对角杆可变的基本单元组成，相邻单元的对角杆成反向排列；俄罗斯设计的天线由四面体模块组成，每个模块由 3 个可展基本单元组成，利用扭簧存储的势能驱动天线展开。由此可见，支撑机构的最小结构单元是基本单元，那么从基本单元出发可以综合出许多新型的结构。

颜鸿森[1]提出了一种颜氏创造性机构设计法，该方法在构型综合初期以现有机构为研究对象，归纳并总结出这些机构的特点。借鉴该思想，对金属网面式可展开天线的结构做进一步分析，提取 ETS-Ⅷ构架式、环形桁架式、四面体式、环柱式、剪叉式、径向肋式[2-3]可展开天线基本单元的运动链，分别如图 3-1(a)至图 3-1(f)所示。

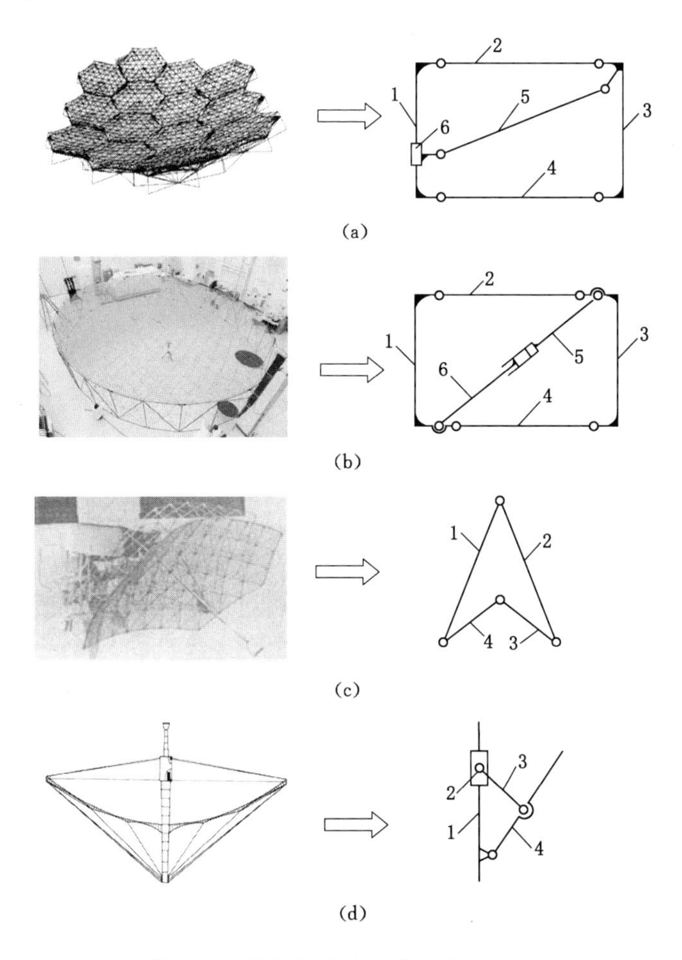

图 3-1　可展开天线基本单元的运动链

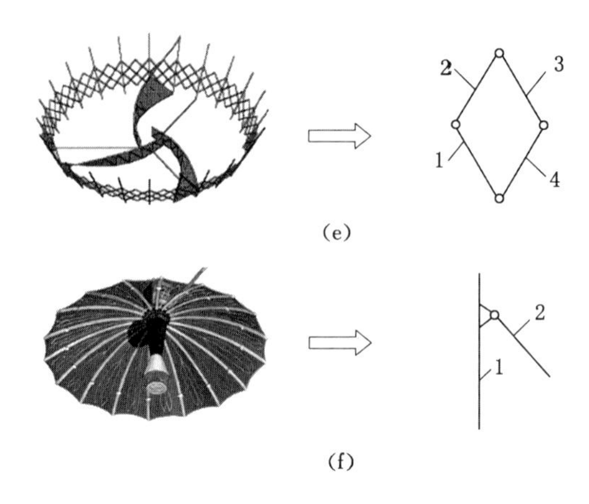

图 3-1 （续）

(a) 构架式可展开天线基本单元的运动链；(b) 环形桁架式可展开天线基本单元的运动链；
(c) 四面体式可展开天线基本单元的运动链；(d) 环柱式可展开天线基本单元的运动链；
(e) 剪叉式可展开天线基本单元的运动链；(f) 径向肋式可展开天线基本单元的运动链

通过分析总结以上运动链所具有的共同特点，可以得到基本单元构型综合的前提条件为：

(1) 六杆及以下的平面机构；

(2) 单自由度机构；

(3) 运动副包含转动副 R 和移动副 P 两种低副，多用 R 副，不含复合铰链；

(4) 一个构件最多包含三个运动副，即构件最多为三副杆。

3.2.2 拓扑图模型的建立

3.2.2.1 拓扑图的定义

图论是数学学科中研究事物之间联系的一门有趣的理论。它用点代表所研究的事物，用边代表事物之间的联系。用由点和边构成的拓扑图来模拟一个具有确定关系的系统[4]。因此，它可以认为是一个反映二元关系的数学模型。本书基于图论理论来研究基本单元的构型综合问题。

拓扑图与基本单元应具有一一对应的关系，根据基本单元的结构特点，本书在构型综合以前对拓扑图做如下定义。

(1) 平面图，图中所有顶点和边能够画在同一个平面上，并且除端点外任何两条边没有其他的交点。

(2) 完全图，即图中的每一条边都和一对不同的顶点相连，图中不含平行边和自环。

(3) 无向图，图中与一条边关联的两个顶点的次序是任意的，即边是顶点的无序对。

(4) 图中的顶点代表运动链中的构件，边代表运动副，顶点数和边数与运动链中的构件数和运动副数对应相等。

(5) 拓扑图不涉及构件的尺度关系。

(6) 顶点的度定义为与此顶点相连的边的数目。若某一顶点与两条边相连，则此顶点为2度点，那么它在机构学中的含义是此顶点代表的杆件为二副杆。规定顶点的度 $\deg(v) \leqslant 3$。

3.2.2.2　拓扑图模型

根据机械原理，在单自由度的平面机构中，如果解除机架的约束，就可以得到自由度为4的运动链，那么，它的自由度计算应满足以下公式：

$$3N - 2P = 4 \tag{3-1}$$

式中　N——运动链中所有构件数；

P——运动副(低副)数量。

由式(3-1)可以得出运动链中构件数与运动副数的对应关系，见表3-1。

表3-1　构件数与运动副数的对应关系

N	2	4	6	8	…
P	1	4	7	10	…

由式(3-1)可知，满足单自由度条件的机构的构件数应为偶数，且有无穷多个。考虑到空间可展开机构的可靠性，每个基本单元的结构应尽可能简单，这里只研究 $N \leqslant 6$ 的情况，因此有三种类型。

欧拉公式[5]：若 G 是有 N 个顶点、P 条边、F 个面的平面图，则：

$$N - P + F = 2 \tag{3-2}$$

式(3-2)中 F 包含了图的外部面，本书只考虑运动链本身所构成的闭环数，即拓扑图的内部面，因此将欧拉公式改写成式(3-3)，并得到表3-2。

$$L = P - N + 1 \tag{3-3}$$

式中　N——拓扑图的顶点数，即运动链的构件数；

P——拓扑图的边数，即运动副(低副)数量；

L——拓扑图的内部面数，即运动链闭环数。

表3-2　构件数与闭环数对应关系

N	2	4	6
L	0	1	2

根据表 3-1 与表 3-2 可建立 4 种拓扑图模型，如图 3-2 所示。其中 2 杆机构和 4 杆机构各一种，6 杆机构有两种，为便于分析与讨论，这 4 种拓扑图分别命名为拓扑图Ⅱ、Ⅳ、Ⅵ-Ⅰ和Ⅵ-Ⅱ。

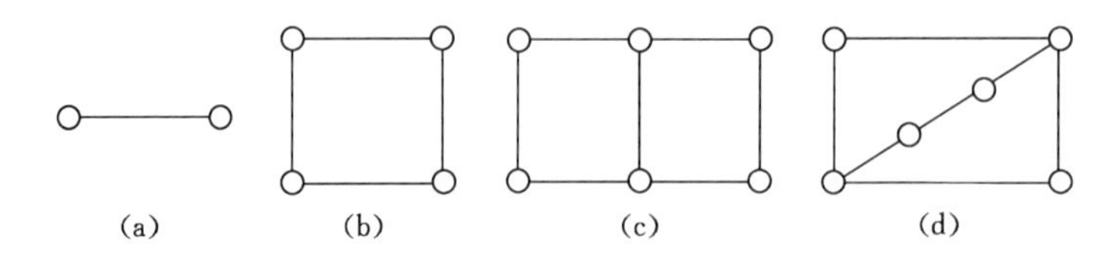

图 3-2　基本单元的拓扑图模型

(a) 拓扑图Ⅱ；(b) 拓扑图Ⅳ；(c) 拓扑图Ⅵ-Ⅰ；(d) 拓扑图Ⅵ-Ⅱ

由此，可以找到与图 3-1 中 6 种运动链相对应的拓扑图模型。拓扑图Ⅱ对应于图 3-1(f)，拓扑图Ⅳ对应于图 3-1(c)、3-1(d)和 3-1(e)，拓扑图Ⅵ-Ⅱ对应于图 3-1(a)和图 3-1(b)。6 种运动链只是整个构型中的一部分，是一些特例，下面具体分析如何综合出所有的构型方案。

3.2.3　构件拓扑对称性判别

运动链是指由若干个构件通过运动副连接而组成的系统。机构则是将运动链中的某一构件固定为机架后得到的。选择不同的构件为机架，并选择不同的运动副就可以得到不同的机构。因此，首先通过分析构件的拓扑对称性来去掉重复的构件连接关系，讨论每种拓扑图中实际可以作为机架的构件数。在此基础上，再选定不同构件为机架，讨论运动副相对于机架的拓扑对称性，同时考虑运动副类型与数目对构型总数的影响，进而得到拓扑图异构体，即综合出所有的机构类型。

由于暂不考虑选定哪一点为机架，因此拓扑图中的点均可以认为是相同的，那么，构件的拓扑对称性可用单色拓扑图来判别，用空心点"。"代表构件。采用对拓扑图进行子图化分解的方法，判别两个构件是否具有拓扑对称性。从拓扑图中分别去掉这两个构件，得到对应的两个拓扑子图，若两个拓扑子图同构，则两个构件具有拓扑对称性，否则不具有拓扑对称性。

拓扑图的同构判别可表述为：两个单铰运动链同构的充分必要条件是它们的顶点集、边集之间一一对应，数学表述为两个拓扑图的邻接矩阵相等[6]。为便于分析，对拓扑图中顶点和边进行编号，顶点用 n 表示，$n=1,2,\cdots,6$；边用 K_i 表示，$i=1,2,\cdots,7$。

(1) 进行编号后的拓扑图Ⅱ，如图 3-3 所示。易见，顶点 1 与顶点 2 同构，即构件 1 与构件 2 具有拓扑对称性。

(2) 进行编号后的拓扑图Ⅳ，如图 3-4 所示。分别去掉图 3-4 中的构件 1、

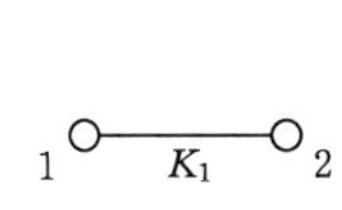

图 3-3　编号后的拓扑图Ⅱ

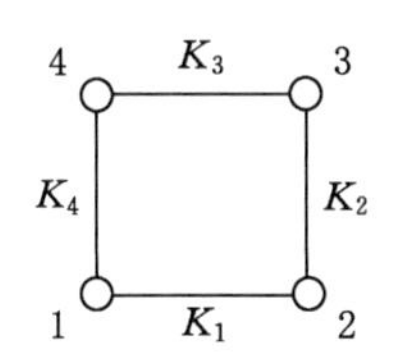

图 3-4　编号后的拓扑图Ⅳ

2、3、4，得拓扑变换子图(图 3-5)。

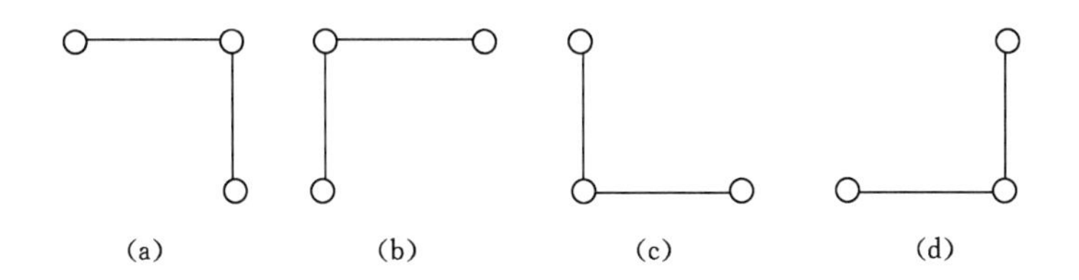

图 3-5　拓扑图Ⅳ的拓扑变换子图

(a) 去掉构件 1；(b) 去掉构件 2；(c) 去掉构件 3；(d) 去掉构件 4

显然，图 3-5 中各拓扑变换子图的顶点集、边集之间一一对应，4 个拓扑子图相互之间均同构，故 4 个构件间均具有拓扑对称性，且存在 1 种拓扑对称性关系。

(3) 进行编号后的拓扑图Ⅵ-Ⅰ，如图 3-6 所示。

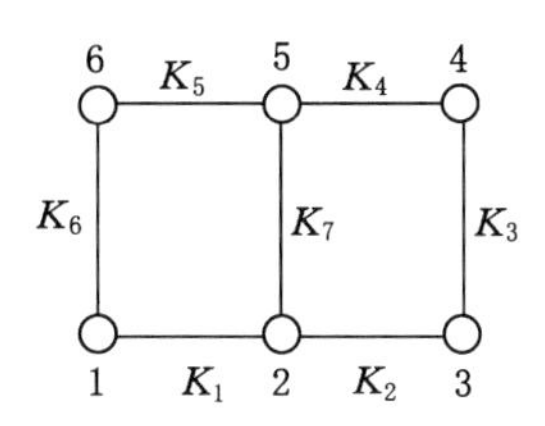

图 3-6　编号后的拓扑图Ⅵ-Ⅰ

分别去掉图 3-6 中的构件 1 和构件 3，得拓扑变换子图(图 3-7)，两图均为无向图，为进行同构判别，需写出两图的邻接矩阵，对图中的顶点进行编号，顺序任意。

则得到两个图的邻接矩阵见式(3-4)、式(3-5)：

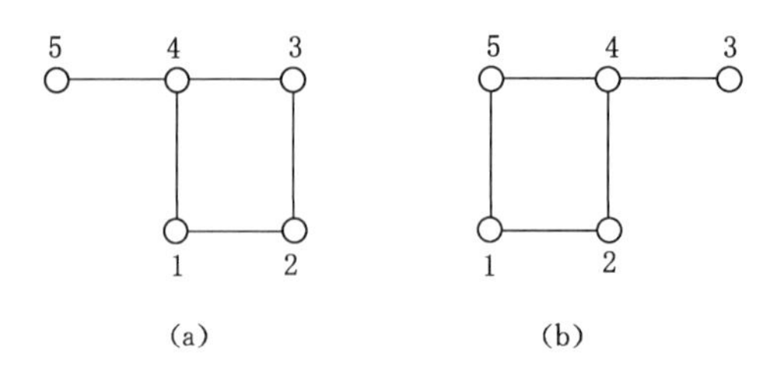

图 3-7　Ⅵ-Ⅰ的第一种拓扑变换子图

(a) 去掉构件 1;(b) 去掉构件 3

$$\boldsymbol{X}_1 = \begin{bmatrix} 0 & 1 & 0 & 1 & 0 \\ 1 & 0 & 1 & 0 & 0 \\ 0 & 1 & 0 & 1 & 0 \\ 1 & 0 & 1 & 0 & 1 \\ 0 & 0 & 0 & 1 & 0 \end{bmatrix} \tag{3-4}$$

$$\boldsymbol{X}_3 = \begin{bmatrix} 0 & 1 & 0 & 0 & 1 \\ 1 & 0 & 0 & 1 & 0 \\ 0 & 0 & 0 & 1 & 0 \\ 0 & 1 & 1 & 0 & 1 \\ 1 & 0 & 0 & 1 & 0 \end{bmatrix} \tag{3-5}$$

将 $\boldsymbol{X}_3$ 进行初等变换,1 列与 2 列互换,3 列与 5 列互换,1 行与 2 行互换,3 行与 5 行互换,则 $\boldsymbol{X}_1$ 与 $\boldsymbol{X}_3$ 等价,则图 3-7(a)与图 3-7(b)同构,故构件 1 与构件 3 具有拓扑对称性。

分别去掉构件 1 和构件 4,得拓扑变换子图(图 3-8)。

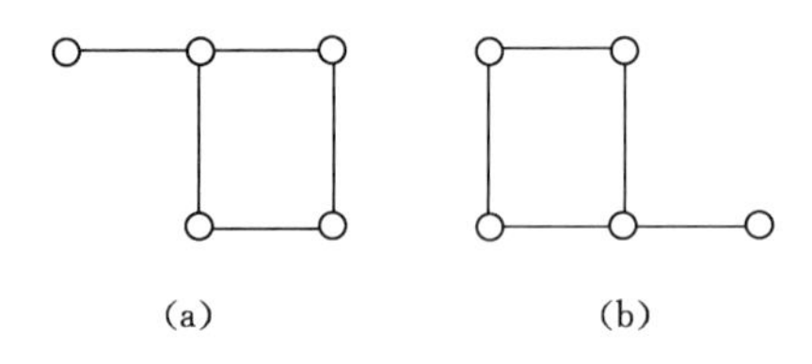

图 3-8　Ⅵ-Ⅰ的第二种拓扑变换子图

(a) 去掉构件 1;(b) 去掉构件 4

同理,$\boldsymbol{X}_1$ 与 $\boldsymbol{X}_4$ 等价,则图 3-8(a)与图 3-8(b)同构,故构件 1 与构件 4 具有拓扑对称性。同理,构件 1、3、4、6 相互之间具有拓扑对称性。

分别去掉构件 2 和构件 5,得拓扑变换子图(图 3-9)。

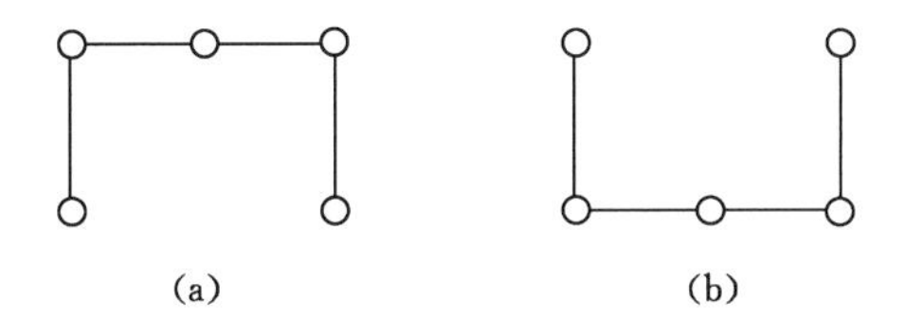

图 3-9　Ⅵ-Ⅰ的第三种拓扑变换子图

(a) 去掉构件 2;(b) 去掉构件 5

同理,$\boldsymbol{X}_2$ 与 $\boldsymbol{X}_5$ 等价,则图 3-9(a)和图 3-9(b)同构,故构件 2 与构件 5 具有拓扑对称性。因此在Ⅵ-Ⅰ中 6 个构件有 2 种拓扑对称性关系。

(4) 进行编号后的拓扑图Ⅵ-Ⅱ,如图 3-10 所示。

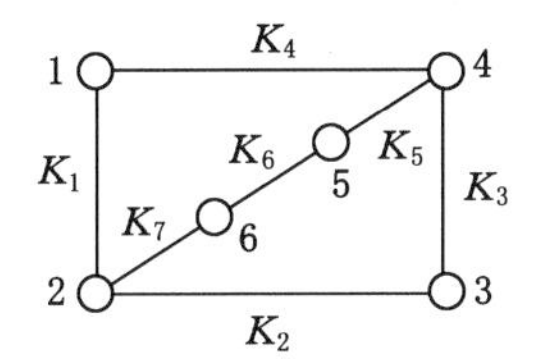

图 3-10　编号后的拓扑图Ⅵ-Ⅱ

分别去掉构件 1 和构件 3,构件 2 和构件 4,构件 5 和构件 6,得拓扑变换子图(图 3-11)。

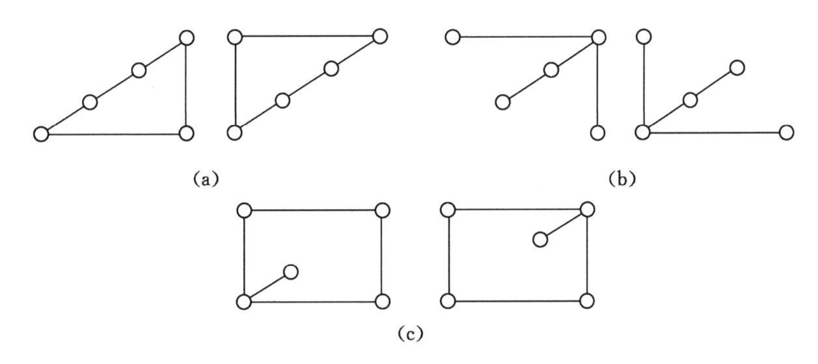

图 3-11　Ⅵ-Ⅱ的三种拓扑变换子图

(a) 分别去掉构件 1 和构件 3;(b) 分别去掉构件 2 和构件 4;(c) 分别去掉构件 5 和构件 6

同理,可以得到构件 1 和构件 3,构件 2 和构件 4,构件 5 和构件 6 两两之间具有拓扑对称性。因此在Ⅵ-Ⅱ中 6 个构件有 3 种拓扑对称性关系。

3.2.4　运动副拓扑对称性判别

对运动副的拓扑对称性进行判别之前,要选定某一构件为机架,此时机构中构件具有可动与不可动两种属性，采用单色拓扑图已不能分析此问题，所以采用双色拓扑图来分析。用实心点“•”代表机架，用空心点“◦”代表构件。基本单元中绝大部分是R副，因此本书只讨论机构中P副≤2的情况。用${}_i^jC_N$表示在某种情况下综合出的机构数，N表示拓扑图的构件数，$N=2,4,6$；i表示选定为机架的构件编号，$i=1,2,\cdots,6$；j表示该情况下P副的个数，$j=0,1,2$。N_{II}、N_{IV}、$N_{\mathrm{VI-I}}$和$N_{\mathrm{VI-II}}$分别表示拓扑图Ⅱ、Ⅳ、Ⅵ-Ⅰ、Ⅵ-Ⅱ综合出的机构数。

(1) 对于拓扑图Ⅱ而言，由于构件1与构件2具有拓扑对称性，设构件1为机架，K_1可以为R副或者P副，那么可产生2种构型，$N_{\mathrm{II}}=2$。

(2) 对于拓扑图Ⅳ而言，由于4个构件间存在1种拓扑对称性关系。可选择构件1为机架，分别去掉K_1和K_4，K_2和K_3，得拓扑变换子图(图3-12)。

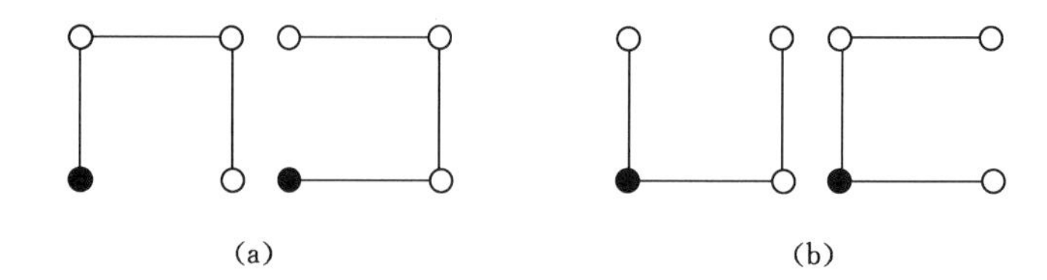

图3-12　Ⅳ时机架为构件1的拓扑变换子图

(a) 分别去掉K_1和K_4；(b) 分别去掉K_2和K_3

同样利用邻接矩阵进行判断，可得K_1与K_4、K_2与K_3均相对于机架对称。

根据机架位置与P副的组合关系，可得到构型数如下：

① 当机架在构件1且有一个P副时，2种，${}_1^1C_4=2$；

② 当机架在构件1且有两个P副时，4种，${}_1^2C_4=C_3^1+C_1^1=4$；

③ 当机架在构件1且全部为R副时，1种，${}_1^0C_4=1$；

Ⅳ时的构型总数为$N_{\mathrm{IV}}={}_1^1C_4+{}_1^2C_4+{}_1^0C_4=7$。

(3) 对于拓扑图Ⅵ-Ⅰ而言，由于存在2种拓扑对称性关系，分别选择构件1和构件2为机架。

当机架在构件1时，分别去掉$K_1,K_2,\cdots,K_7$这7个构件，得拓扑变换子图(图3-13)。可见7个构件任意两两之间均不对称，互为异构体。

当机架在构件2时，分别去掉K_1、K_2，K_3、K_6，K_4、K_5，得拓扑变换子图(图3-14)。可得K_1、K_2，K_3、K_6，K_4、K_5均相对于机架对称。

根据机架位置与P副的组合关系，可得到构型数如下：

① 当机架在构件1且有一个P副时，7种，${}_1^1C_6=7$。

② 当机架在构件2且有一个P副时，4种，${}_2^1C_6=4$。

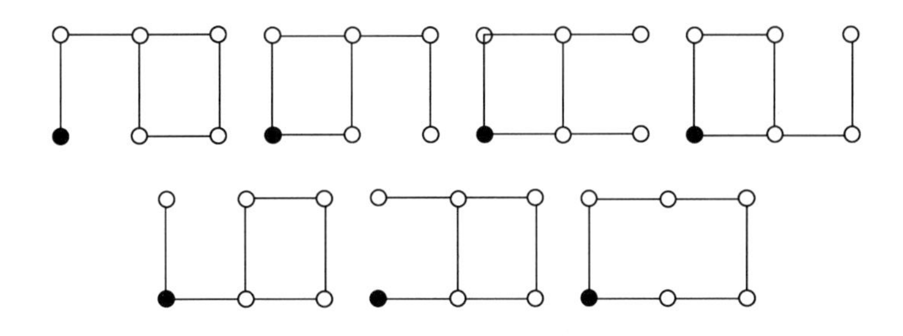

图 3-13　Ⅵ-Ⅰ时机架为构件 1 的拓扑变换子图

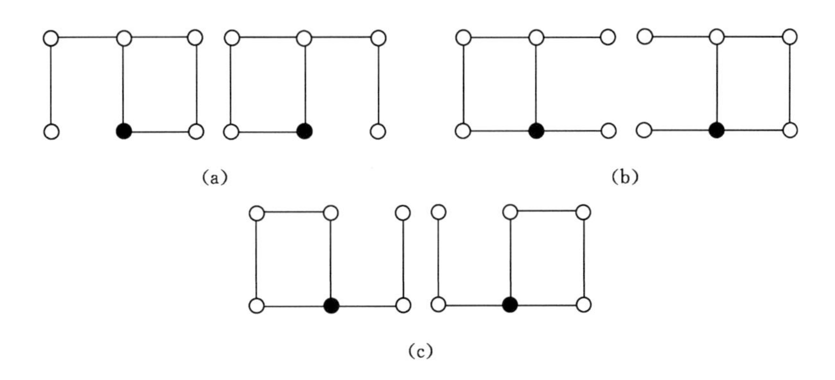

图 3-14　Ⅵ-Ⅰ时机架为构件 2 的拓扑变换子图

(a) 分别去掉 K_1 和 K_2；(b) 分别去掉 K_3 和 K_6；(c) 分别去掉 K_4 和 K_5

③ 当机架在构件 1 且有两个 P 副时，21 种，${}_{1}^{2}C_{6}=C_{6}^{1}+C_{5}^{1}+\cdots+C_{1}^{1}=21$。

④ 当机架在构件 2 且有两个 P 副时，12 种，${}_{2}^{2}C_{6}=C_{6}^{1}+C_{4}^{1}+C_{2}^{1}=12$。

⑤ 当运动副全部为 R 副时，共 2 种，${}_{1}^{0}C_{6}+{}_{2}^{0}C_{6}=2$。

Ⅵ-Ⅰ时的构型总数为：$N_{\text{Ⅵ-Ⅰ}}={}_{1}^{1}C_{6}+{}_{2}^{1}C_{6}+{}_{1}^{2}C_{6}+{}_{2}^{2}C_{6}+{}_{1}^{0}C_{6}+{}_{2}^{0}C_{6}=46$。

(4) 对于拓扑图Ⅵ-Ⅱ而言，由于存在 3 种拓扑对称性关系，分别选择构件 1、2 和 5 为机架。当机架在构件 1 时，分别去掉 K_1、K_4，K_2、K_3，K_5、K_7，得拓扑变换子图(图 3-15)。可得 K_1、K_4，K_2、K_3，K_5、K_7 均相对于机架对称。

当机架在构件 2 时，分别去掉 K_1、K_2，K_3、K_4，得拓扑变换子图(图 3-16)。可得 K_1、K_2，K_3、K_4 均相对于机架对称。

当机架在构件 5 时，分别去掉 K_1、K_2，K_3、K_4，得拓扑变换子图(图 3-17)。可得 K_1、K_2，K_3、K_4 均相对于机架对称。

根据机架位置与 P 副的组合关系，可得到构型数如下：

① 当机架在构件 1 且有一个 P 副时，4 种，${}_{1}^{1}C_{6}=4$。

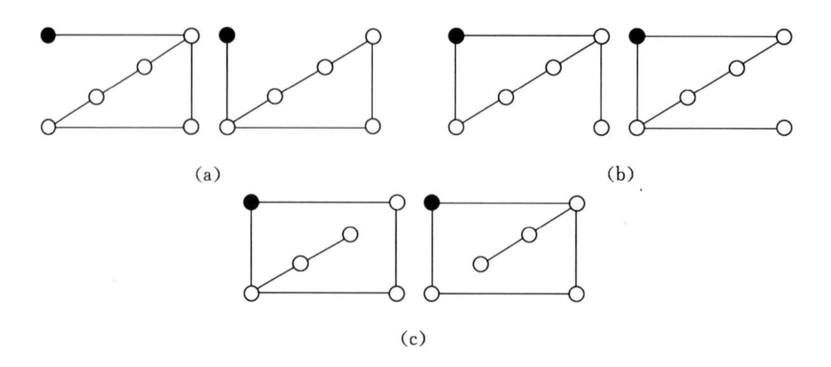

图 3-15 Ⅵ-Ⅱ时机架为构件 1 的拓扑变换子图

(a) 分别去掉 K_1 和 K_4;(b) 分别去掉 K_2 和 K_3;(c) 分别去掉 K_5 和 K_7

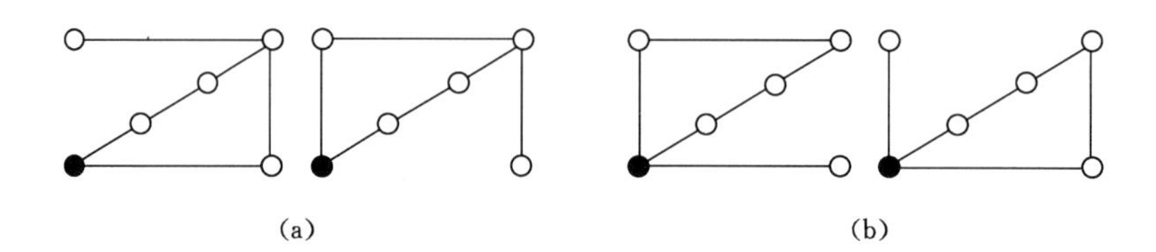

图 3-16 Ⅵ-Ⅱ时机架为构件 2 的拓扑变换子图

(a) 分别去掉 K_1 和 K_2;(b) 分别去掉 K_3 和 K_4

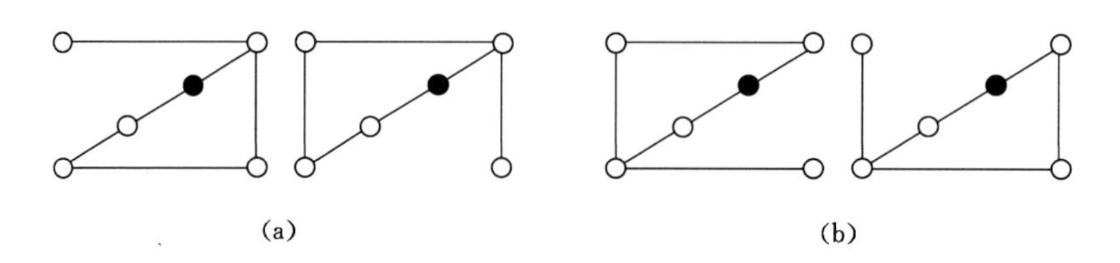

图 3-17 Ⅵ-Ⅱ时机架为构件 5 的拓扑变换子图

(a) 分别去掉 K_1 和 K_2;(b) 分别去掉 K_3 和 K_4

② 当机架在构件 2 且有一个 P 副时,5 种,${}_{2}^{1}C_{6}=5$。

③ 当机架在构件 5 且有一个 P 副时,5 种,${}_{5}^{1}C_{6}=5$。

④ 当机架在构件 1 且有两个 P 副时,12 种,${}_{1}^{2}C_{6}=C_{6}^{1}+C_{4}^{1}+C_{2}^{1}=12$。

⑤ 当机架在构件 2 且有两个 P 副时,13 种,${}_{2}^{2}C_{2}=C_{6}^{1}+C_{4}^{1}+C_{2}^{1}+C_{1}^{1}=13$。

⑥ 当机架在构件 5 且有两个 P 副时,13 种,${}_{5}^{2}C_{6}=C_{6}^{1}+C_{4}^{1}+C_{2}^{1}+C_{1}^{1}=13$。

⑦ 当运动副全部 R 副时,共 3 种,${}_{1}^{0}C_{6}+{}_{2}^{0}C_{6}+{}_{5}^{0}C_{6}=3$。

Ⅵ-Ⅱ时的构型总数为:

$N_{Ⅵ\text{-}Ⅱ}={}_1^1C_6+{}_2^1C_6+{}_5^1C_6+{}_1^2C_6+{}_2^2C_6+{}_5^2C_6+{}_1^0C_6+{}_2^0C_6+{}_5^0C_6=55$。

构件数为 6 时的构型总数 $N_Ⅵ=N_{Ⅵ\text{-}Ⅰ}+N_{Ⅵ\text{-}Ⅱ}=101$。

因此，基本单元的构型总数为：$N_Ⅱ+N_Ⅳ+N_Ⅵ=110$。

从以上综合过程可以看出，采用图论的方法可以有效地建立运动链与拓扑图的对应关系。将运动链构件数、运动副数以及闭环数三者的对应关系相统一，可得到 4 种拓扑图模型。然后分别分析构件间以及运动副相对于机架的拓扑对称性，得到了 110 种基本单元的机构构型，此方法可为构型的优选与计算机自动综合软件的拓扑图库的建立提供依据。

3.2.5　构型的演化及应用初探

将构型综合得到的拓扑图模型转换成对应的机构简图是由理论到实际应用的关键环节，下面通过例子来阐述机构构型的演化过程。

由于本节重点研究基本单元拓扑构型的种类与总数，设计的具体任务要求暂不予考虑，构件尺度之间的约束关系亦不予考虑。假设拓扑图已经选定，如图 3-18(a) 所示，将顶点 1 固定为机架，将连接顶点 1 与顶点 6 的边 K_6 定为 P 副，其他为 R 副。那么，整个机构由 6 个 R 副、1 个 P 副、2 个 3 副杆、3 个 2 副杆组成。根据拓扑图与运动链的对应关系，将拓扑图转化成机构简图，如图 3-18(b)所示。由机构的自由度公式可得该机构的自由度为 1。

可见，若将构件 6 设为主动件，将构件 3 设为输出构件，则当构件 6 沿构件 1 上下移动时，整个机构可以实现展开与收拢。图 3-18(b)和图 3-18(c)为该机构的展开状态与收拢状态。

若将图 3-18(a)中顶点 1 与顶点 2 之间的运动副与顶点 1 与顶点 6 之间的运动副进行互换，则转变为另一种机构，如图 3-19(a)所示。图 3-19(b)和图 3-19(c)为该机构的展开状态与收拢状态。

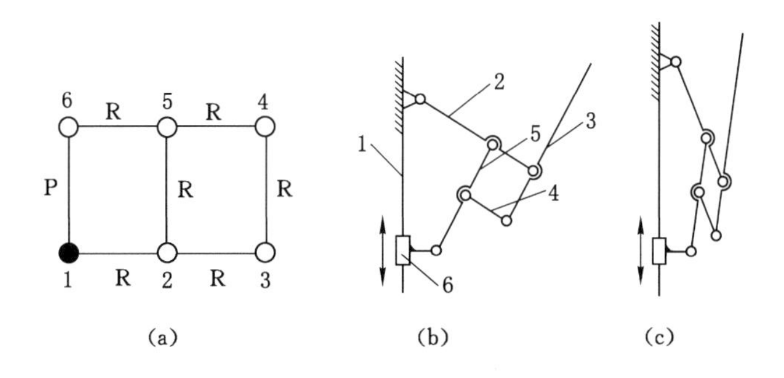

图 3-18　拓扑图与其机构简图

(a) 拓扑图；(b) 展开状态；(c) 收拢状态

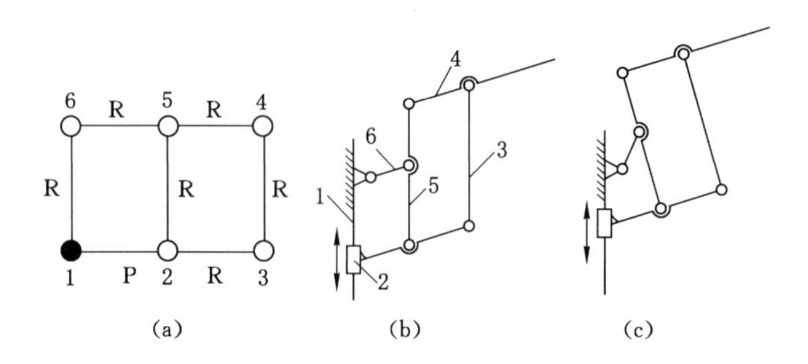

图 3-19　演化构型一的拓扑图与机构简图

(a) 拓扑图;(b) 展开状态;(c) 收拢状态

若将图 3-18(a)中的顶点 3 和顶点 4 去掉,则又演化为另一种机构,如图 3-20所示。

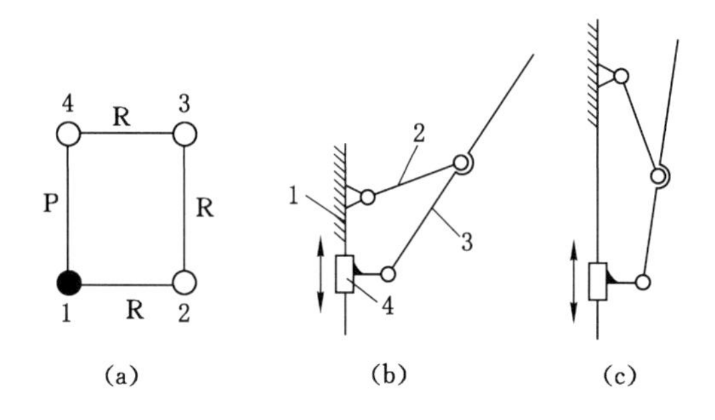

图 3-20　演化构型二的拓扑图与机构简图

(a) 拓扑图;(b) 展开状态;(c) 收拢状态

若将图 3-18 的基本单元沿构件 1 周向阵列成角度相等的 6 个基本单元,则可变成图 3-21 所示的空间可展开结构模块,其展开原理与单个基本单元相同。

图 3-21　可展开模块

若将金属反射网铺设在模块上面，再将多个模块相连，则变成了一个可展开天线。此外，该机构还可作为折叠雨伞的骨架、公园膜结构凉亭的支撑和临时露营的帐篷等。

同样，其他两种演化构型也可以沿各自的构件 1 进行周向阵列，转变成空间结构。从上文所举例子可以看出，根据拓扑图可以很快地建立与之相对应的机构简图，通过对构件间运动副的变换或构件数的增减等操作可以演变为其他机构。

虽然每种拓扑图模型都能够转变成相应的机构简图，但从以上几个演化的构型也可以看出，图 3-18 和图 3-20 形成的机构收拢以后的体积较小，而图 3-19 形成的机构在展开与收拢的状态均不太理想，即综合出的机构存在优势与劣势，因此需要对构型进行评定与优选。

3.3　模块化可展开天线基本单元构型方案的优选

机构创新设计是机构学的主要任务，是机械设计中永恒的主题[7]。机构创新设计包括机构的构型综合及其构型优选两个过程。如何从综合出的众多机构中挑选出符合使用要求且综合性能较好的机构显得更加重要。

由第 3.2.1 小节分析可知，天线的整体结构可以逐步细分为若干个基本单元，基本单元是整体的子结构，基本单元与整体结构具有相似的特征，因此，基本单元性能的优劣可以近似反映整体性能的优劣。对基本单元进行优选也就是要选择整体性能较优的结构方案。

3.3.1　基本单元的设计要求

基于模块化思想设计的构架式可展开天线具有口径大小变化灵活、形面精度高、展开稳定等优点，已经成为一种具有很大发展潜力的结构形式。根据 ETS-Ⅷ模块的结构特点，本书提出 3 种模块化可展开天线基本单元的设计要求，分别是拓扑结构要求、功能性要求和约束条件要求。

3.3.1.1　拓扑结构要求

（1）为便于基本单元的拓扑变换且方便展开控制，基本单元应为平面机构且其自由度为 1。

（2）机构中只采用平面低副，使运动的两构件之间为面接触，以利于减小压强、减轻磨损、便于润滑，同时可以提高基本单元承受较大载荷的能力。

（3）基本回路数为 2。1 个回路的机构结构不够紧凑，且刚度较低；而回路较多时构件过多，结构的质量增加且动力学性能不好。

3.3.1.2　功能性要求

（1）连接特性要求，在单模块内部基本单元能以辐射状发散，多模块连接时，模块间连接的杆件需保证支撑机构在展开时节点满足精度要求，收拢时支撑机构成柱状以便于捆绑。

（2）驱动特性要求，通过移动或转动方式控制单元展开。当输入构件有较小的变化时，基本单元能够进行较大幅度的展开与收拢运动。

3.3.1.3　约束条件要求

（1）机架应是三副杆以避免浮动构件中多副杆过多，以利于机构的运动控制和降低机构的复杂度。

（2）为尽可能提高机构效率，移动副数目最多不超过 1 个。

（3）输出构件为连杆且以转动副与连架杆相连。

3.3.2　基本单元构型方案的初选

根据拓扑结构要求的第(3)条可以首先排除由拓扑图Ⅱ和拓扑图Ⅳ产生的构型，这样构型将在拓扑图Ⅵ-Ⅰ和拓扑图Ⅵ-Ⅱ中产生。再根据约束条件要求的第(1)条和第(2)条，则拓扑图Ⅵ-Ⅰ中第②种情况的 4 种构型和第⑤种情况的 1 种构型，拓扑图Ⅵ-Ⅱ中第②种情况的 5 种构型和第⑦种情况的 1 种构型，共 11 种方案符合基本要求，因此，着重对这 11 种构型方案进行综合比较。

拓扑图虽能较好地反映构件间的连接关系，但其较为抽象，为了使上述得到的 11 种方案具有直观可比性，首先将这些构型的拓扑图变成具有普遍意义的机构简图，然后再将其构造成符合基本单元约束条件要求的机构简图，并以展开状态和收拢状态对其进行表示，见表 3-3。

表 3-3　构型方案对应的机构简图

方案	拓扑图	机构简图		
		普遍意义	特定意义	
			展开状态	收拢状态
1	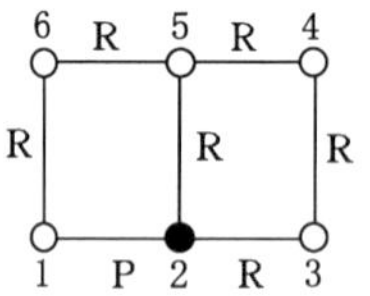	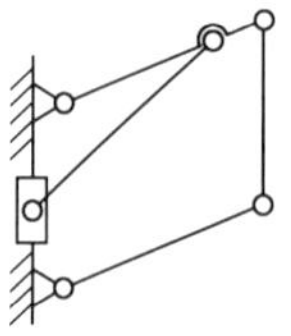	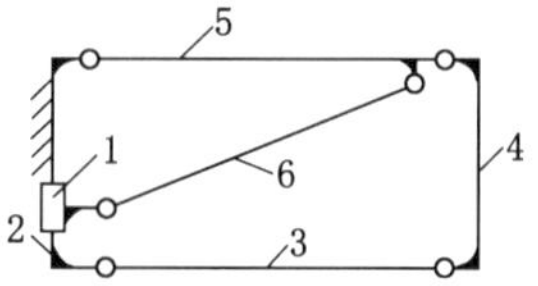	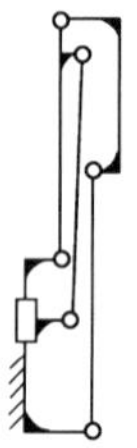

表 3-3(续)

方案	拓扑图	机构简图		
		普遍意义	特定意义	
			展开状态	收拢状态
2				
3				
4				
5				

表 3-3(续)

方案	拓扑图	机构简图		
		普遍意义	特定意义	
			展开状态	收拢状态
6	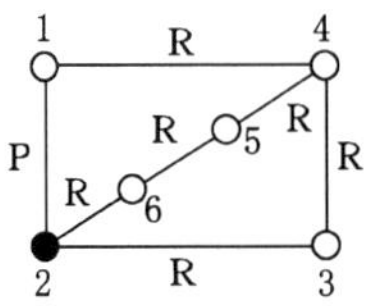	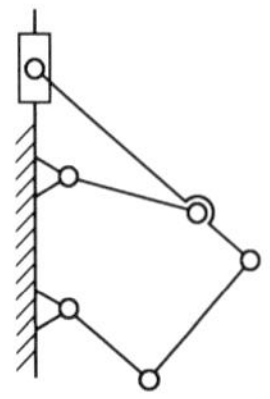	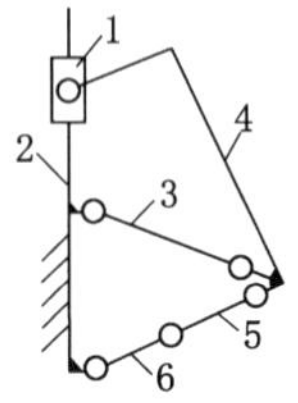	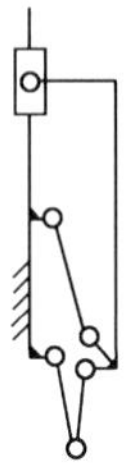
7	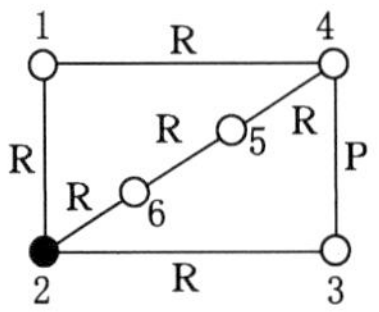	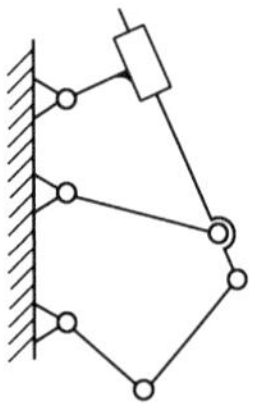	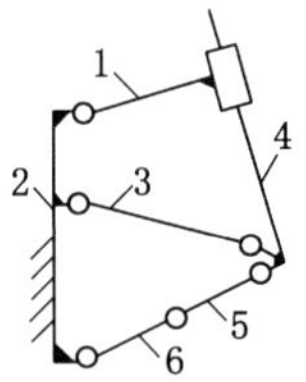	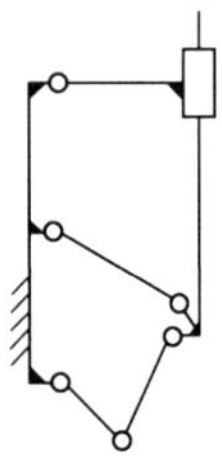
8	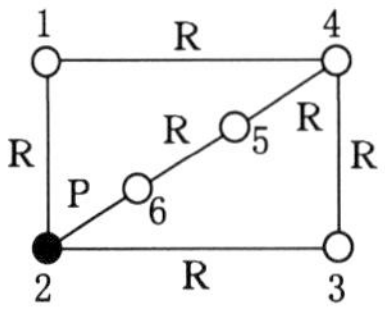	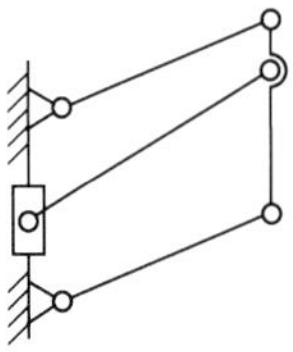	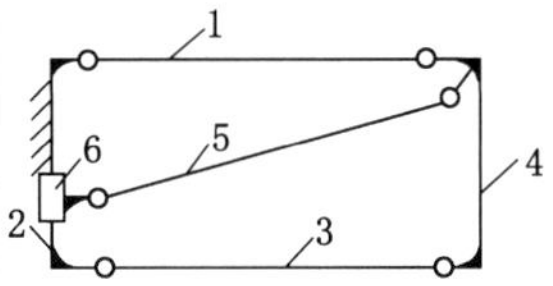	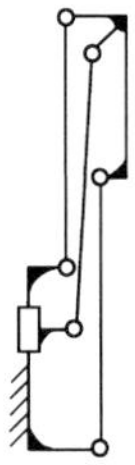
9	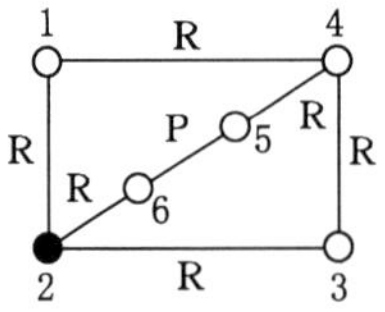	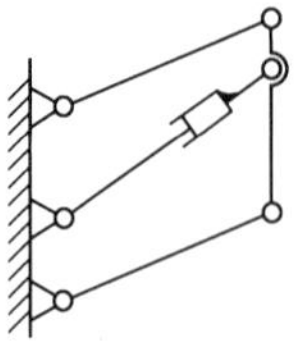	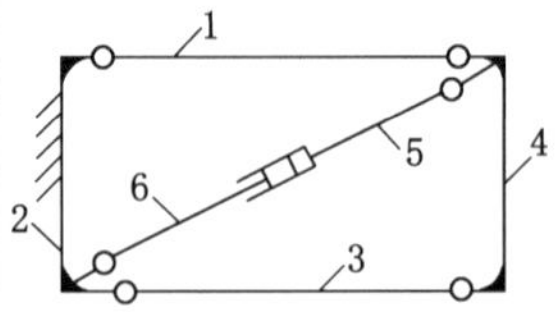	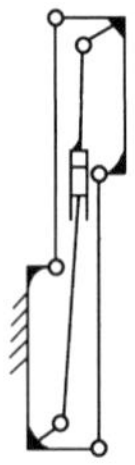

表 3-3(续)

方案	拓扑图	机构简图		
		普遍意义	特定意义	
			展开状态	收拢状态
10	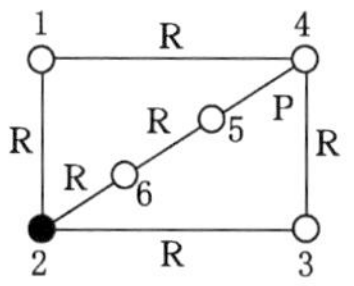	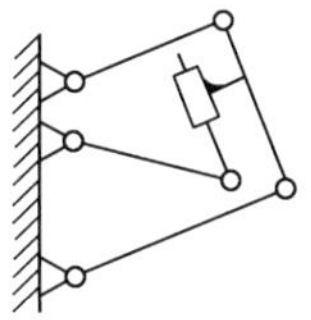	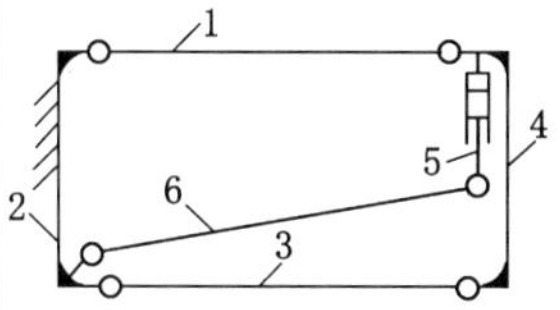	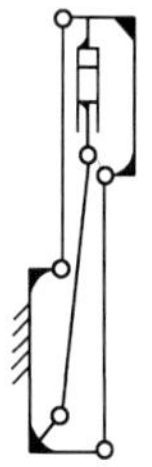
11	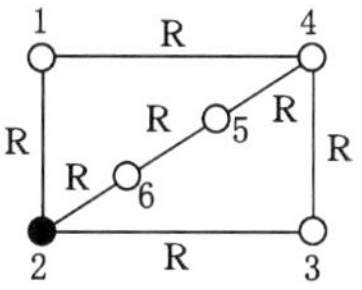	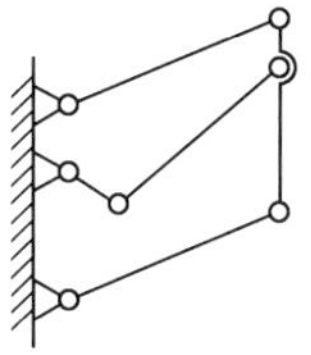	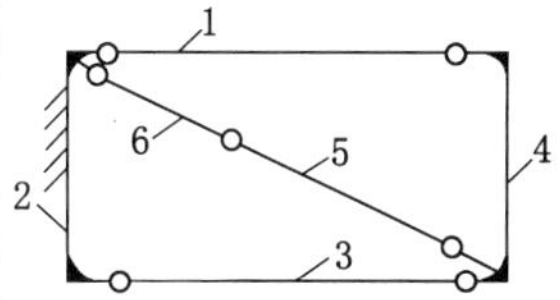	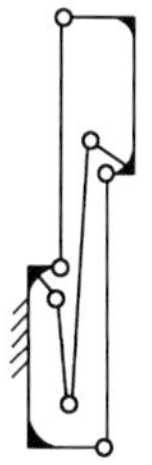

表中方案 8 为日本 ETS-Ⅷ可展开天线采用的基本单元的构型方案，方案 9 为 AstroMesh 天线采用的构型。方案 4 和 7 无论是收拢时的体积还是展开后的体积都比较大，方案 6 收拢时比较小，但展开后的体积同样也很小，因此这两种已经存在的方案以及三种较差的方案首先排除。综上，初步选取其余 6 种方案进行进一步研究。

3.3.3　基本单元构型方案的模糊综合评价

基本单元展开时必须以均匀且较低的速度缓慢展开，以防止展开速度变化过快对结构产生冲击。目前多数展开天线采取的驱动控制方式是用弹簧提供展开力，用电机带动拉索来控制展开速度。以滑块在机架上的滑动作为驱动源，对这 6 种方案分别添加驱动机构，如图 3-22 和图 3-23 所示。

3.3.3.1　模糊综合评价模型的建立

基本单元的综合性能取决于多种不确定性因素的影响，而这种不确定性主要表现为模糊性，这种边界不清的模糊概念，不是由于人的主观认识达不到客观实际所造成的，而是事物的一个客观属性，是事物的差异之间存在着中间过渡过程的结果，因此通常难以将这些因素在形式上进行量化。这就使得人们很难去全面认识一个事物。模糊综合评价法是模糊数学的一个分支，是评价一个模糊

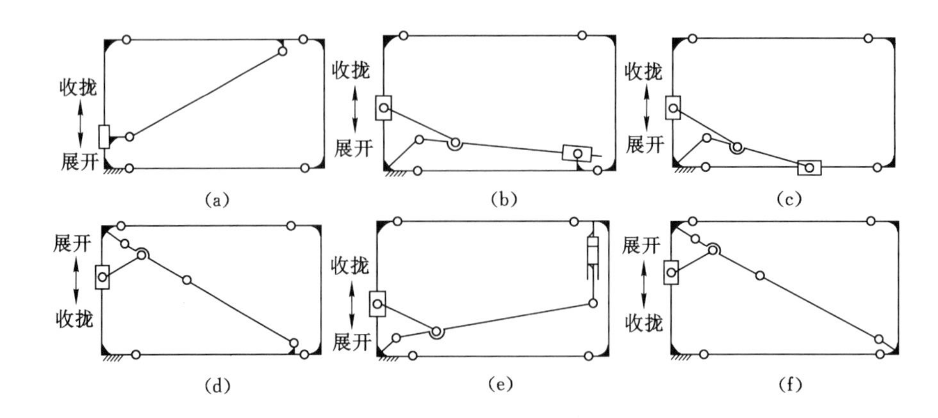

图 3-22　6 种方案添加驱动后的展开状态

(a) 方案 1;(b) 方案 2;(c) 方案 3;(d) 方案 5;(e) 方案 10;(f) 方案 11

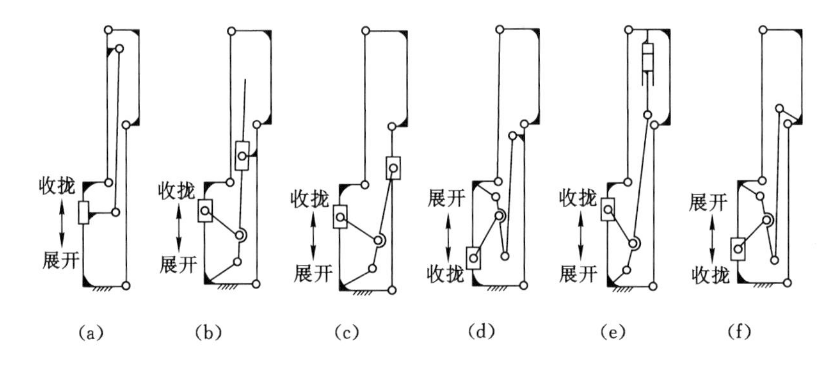

图 3-23　6 种方案添加驱动后的收拢状态

(a) 方案 1;(b) 方案 2;(c) 方案 3;(d) 方案 5;(e) 方案 10;(f) 方案 11

系统的有效方法和手段,具有系统性强、结果清晰的特点。本书采用模糊综合评价法对基本单元的综合性能进行评价。

对 6 种方案进行模糊综合评价,首先要建立每种方案的评价数学模型,包括评价指标(因素)集 U、评语集 V、权重向量 $\boldsymbol{A}$ 及评价矩阵 $\boldsymbol{R}$[8]。

基本单元构型的评价指标确定如下。

(1) 展开可靠性(u_1):指基本单元由收拢状态展开时,机构是否具有较好的传力性能以保证能够顺利展开。

(2) 结构稳定性(u_2):指基本单元展开后,结构内部的每个封闭运动链能够保持稳定的能力。

(3) 设计经济性(u_3):指对基本单元进行设计、制造和试验等的成本估计。

成本越低，经济性越好；反之经济性越差。

(4) 驱动便利性(u_4)：指控制基本单元展开的难易性，包括需要驱动绳索的长度，及为控制展开速度是否需要设计特定的装置。

(5) 机械效率(u_5)：指基本单元在展开过程中克服摩擦力后得到有用功的能力，在总功一定时，由构件间运动副引起的摩擦消耗的额外功越少，机械效率越高。

(6) 机构复杂性(u_6)：指基本单元中构件数目的多少以及对该机构进行设计的难易程度。

由此可建立评价指标集：

$$U=\{u_1,u_2,u_3,u_4,u_5,u_6\} \tag{3-6}$$

对某一评价指标分为好、较好、一般和差4个等级，则评语集为：

$$V=\{v_1,v_2,v_3,v_4\} \tag{3-7}$$

由于各评价指标对事物的影响程度不相同，有些指标在总评价中影响程度可能大些，而有些则可能小些。因此，在进行综合评价时必须给出各个指标在总评价中的重要程度，即权重向量：

$$\boldsymbol{A}=[a_1,a_2,a_3,a_4,a_5,a_6] \tag{3-8}$$

$\sum_{i=1}^{6}a_i=1,0<a_i<1$。

对某一方案按照评价指标集和评语集进行评价，可以建立其评价矩阵：

$$\boldsymbol{R}=\begin{bmatrix} r_{11} & r_{12} & r_{13} & r_{14} \\ r_{21} & r_{22} & r_{23} & r_{24} \\ r_{31} & r_{32} & r_{33} & r_{34} \\ r_{41} & r_{42} & r_{43} & r_{44} \\ r_{51} & r_{52} & r_{53} & r_{54} \\ r_{61} & r_{62} & r_{63} & r_{64} \end{bmatrix} \tag{3-9}$$

式中　r_{ij}——该方案对第i个评价指标的第j个评语的隶属度，$i=1,2,3,4,5,6$；$j=1,2,3,4$。

模糊评价的表达和衡量是用不同方案对评语集隶属度的高低来衡量，而隶属度可采用统计法或通过隶属度函数求得。由于影响方案优劣的因素较多，关系复杂，采用常用的几种模糊分布函数难以准确合理地确定r_{ij}指标，本书采用专家组评判法确定r_{ij}指标。

具体实施过程如下：

(1) 将要评价的方案及其具体内容进行整理，设计一个由方案、评价指标和评语组成的方案评价表。

(2) 请10位同行专家根据自己的经验，对各方案进行评价，并在相应的空格上打"√"。

(3) 将各专家填写的评价表进行归纳，统计出各个空格内打"√"的次数，再除以专家人数，这样即可得到各方案的评价矩阵。

在请专家对方案进行评判之前，应尽量使选取的专家具有代表性和普遍性，以保证评价结果更客观、更合理。

最后通过矩阵运算，得到模糊综合评价结果向量：

$$\boldsymbol{B}=\boldsymbol{A}\circ\boldsymbol{R}=[b_1 \quad b_2 \quad b_3 \quad b_4] \tag{3-10}$$

式中 $\circ$——广义模糊合成运算，与综合评价模型算子有关。

根据最大隶属度原则，确定方案的模糊评价结论，从而确定优选方案。

3.3.3.2 基本单元构型的综合评价

各专家的评价表经整理后可得到各方案评价的原始数据，见表3-4。

表3-4 各方案评价的原始数据

方案	评价指标	评语			
		v_1	v_2	v_3	v_4
1	u_1	0.2	0.1	0.4	0.3
	u_2	0.3	0.7	0	0
	u_3	0.8	0.2	0	0
	u_4	0	1	0	0
	u_5	0.7	0.2	0.1	0
	u_6	0.8	0.2	0	0
2	u_1	0.1	0.3	0.6	0
	u_2	0	0.3	0.4	0.3
	u_3	0.1	0.2	0.1	0.6
	u_4	0	1	0	0
	u_5	0	0.2	0.3	0.5
	u_6	0	0.3	0.4	0.3
3	u_1	0.2	0.3	0.4	0.1
	u_2	0	0.3	0.5	0.2
	u_3	0.1	0.7	0.2	0
	u_4	0	1	0	0
	u_5	0	0.2	0.4	0.4
	u_6	0.1	0.1	0.6	0.2

表 3-4(续)

方案	评价指标	评语			
		v_1	v_2	v_3	v_4
5	u_1	0.8	0.1	0.1	0
	u_2	0.9	0.1	0	0
	u_3	0.6	0.4	0	0
	u_4	1	0	0	0
	u_5	0.1	0.7	0.2	0
	u_6	0.1	0.9	0	0
10	u_1	0	0.2	0.5	0.3
	u_2	0	0.3	0.3	0.4
	u_3	0	0.5	0.2	0.3
	u_4	0	1	0	0
	u_5	0	0.2	0.3	0.5
	u_6	0	0.2	0.4	0.4
11	u_1	0.6	0.3	0.1	0
	u_2	0.7	0.3	0	0
	u_3	0.6	0.4	0	0
	u_4	1	0	0	0
	u_5	0	0.8	0.2	0
	u_6	0.1	0.9	0	0

按照表 3-4 中的顺序，得到 6 个方案的评价矩阵：

$$\boldsymbol{R}_1 = \begin{bmatrix} 0.2 & 0.1 & 0.4 & 0.3 \\ 0.3 & 0.7 & 0 & 0 \\ 0.8 & 0.2 & 0 & 0 \\ 0 & 1 & 0 & 0 \\ 0.7 & 0.2 & 0.1 & 0 \\ 0.8 & 0.2 & 0 & 0 \end{bmatrix}, \quad \boldsymbol{R}_2 = \begin{bmatrix} 0.1 & 0.3 & 0.6 & 0 \\ 0 & 0.3 & 0.4 & 0.3 \\ 0.1 & 0.2 & 0.1 & 0.6 \\ 0 & 1 & 0 & 0 \\ 0 & 0.2 & 0.3 & 0.5 \\ 0 & 0.3 & 0.4 & 0.3 \end{bmatrix}$$

$$\boldsymbol{R}_3=\begin{bmatrix}0.2&0.3&0.4&0.1\\0&0.3&0.5&0.2\\0.1&0.7&0.2&0\\0&1&0&0\\0&0.2&0.4&0.4\\0.1&0.1&0.6&0.2\end{bmatrix},\quad \boldsymbol{R}_5=\begin{bmatrix}0.8&0.1&0.1&0\\0.9&0.1&0&0\\0.6&0.4&0&0\\1&0&0&0\\0.1&0.7&0.2&0\\0.1&0.9&0&0\end{bmatrix}$$

$$\boldsymbol{R}_{10}=\begin{bmatrix}0&0.2&0.5&0.3\\0&0.3&0.3&0.4\\0&0.5&0.2&0.3\\0&1&0&0\\0&0.2&0.3&0.5\\0&0.2&0.4&0.4\end{bmatrix},\quad \boldsymbol{R}_{11}=\begin{bmatrix}0.6&0.3&0.1&0\\0.7&0.3&0&0\\0.6&0.4&0&0\\1&0&0&0\\0&0.8&0.2&0\\0.1&0.9&0&0\end{bmatrix} \tag{3-11}$$

6 个评价指标的重要程度依次降低，分为 6 个等级，等级最高的得 6 分，等级最低的得 1 分，对各等级进行归一化，则权重向量：

$$\boldsymbol{A}=[0.286,0.238,0.191,0.143,0.095,0.047] \tag{3-12}$$

评价模型算子的确定：

对模糊综合评价模型进行计算的算子主要有主因素决定型、主因素突出Ⅰ型、主因素突出Ⅱ型和加权平均型。对于同一对象集，按照不同的模型算子进行计算可能得到不同的结果。

主因素决定型重点考虑对系统影响最大的因素，而其他次要因素则往往被忽略，该算法有时使得评价结果难以分辨。主因素突出Ⅰ型和主因素突出Ⅱ型算法比主因素决定型运算精度稍高，当以单项指标作为评优准则时，适合采用这两种方法。由此可见，这三种算法适用于重点考虑主要因素的综合评价。加权平均型比较精确，适用于考虑整体因素的综合评价。因此本书采用加权平均型 $M(\cdot,+)$。

其计算方式如下：

$$b_j=\sum_{i=1}^{m}(a_i\cdot r_{ij}),(j=1,2,\cdots,n) \tag{3-13}$$

此模型的特点是：在确定评语对模糊综合评价集的隶属度 b_j 时，考察所有因素的影响。

由此，可以得到每个方案的模糊综合评价结果向量为：

$$\boldsymbol{B}_1=\boldsymbol{A}\circ\boldsymbol{R}_1=[0.386\quad 0.405\quad 0.124\quad 0.086]$$
$$\boldsymbol{B}_2=\boldsymbol{A}\circ\boldsymbol{R}_2=[0.148\quad 0.372\quad 0.333\quad 0.248]$$
$$\boldsymbol{B}_3=\boldsymbol{A}\circ\boldsymbol{R}_3=[0.081\quad 0.458\quad 0.338\quad 0.124]$$
$$\boldsymbol{B}_5=\boldsymbol{A}\circ\boldsymbol{R}_5=[0.715\quad 0.238\quad 0.048\quad 0]$$

$$\begin{aligned}\boldsymbol{B}_{10}&=\boldsymbol{A}\circ\boldsymbol{R}_{10}=[0\quad 0.396\quad 0.300\quad 0.305]\\\boldsymbol{B}_{11}&=\boldsymbol{A}\circ\boldsymbol{R}_{11}=[0.601\quad 0.352\quad 0.048\quad 0]\end{aligned}\tag{3-14}$$

由式(3-14)可以得到总的评价矩阵：

$$\boldsymbol{R}_{总}=\begin{bmatrix}\boldsymbol{B}_1\\\boldsymbol{B}_2\\\boldsymbol{B}_3\\\boldsymbol{B}_5\\\boldsymbol{B}_{10}\\\boldsymbol{B}_{11}\end{bmatrix}^{\mathrm{T}}=\begin{bmatrix}0.386&0.048&0.081&0.715&0&0.601\\0.405&0.372&0.458&0.238&0.396&0.352\\0.124&0.333&0.338&0.048&0.300&0.048\\0.086&0.248&0.124&0&0.305&0\end{bmatrix}\tag{3-15}$$

评语集 4 个评语的重要程度依次降低，等级最高的得 4 分，等级最低的得 1 分，对各等级进行归一化，则其权重向量：

$$\boldsymbol{A}_1=[0.4,0.3,0.2,0.1]\tag{3-16}$$

那么，总的综合评价结果向量为：

$$\boldsymbol{B}_{总}=\boldsymbol{A}_1\circ\boldsymbol{R}_{总}=[0.309\quad 0.222\quad 0.250\quad 0.367\quad 0.209\quad 0.356]\tag{3-17}$$

根据最大隶属度原则，6 种构型方案的综合性能由优到劣的顺序依次为方案 5、方案 11、方案 1、方案 3、方案 2、方案 10。方案 5 为最优方案，选择该方案进行分析与研究。

3.3.4　模块单元的生成

方案 5 的杆件类型较多，为了便于下文的分析与讨论，对方案 5 中各杆件进行命名，其名称如图 3-24 所示。

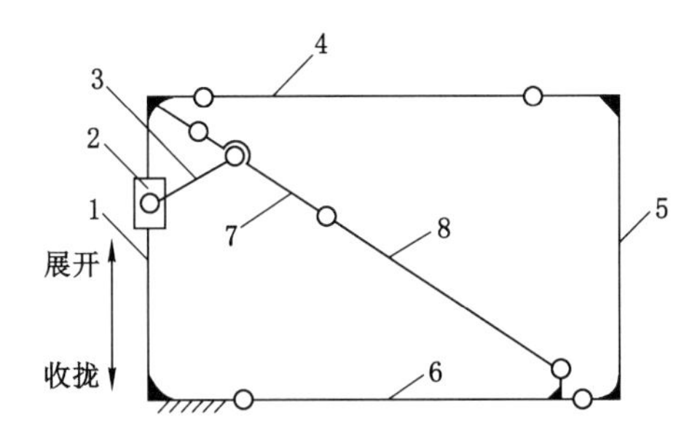

1—中心杆；2—滑块；3—小支撑杆；4—上弦杆；5—竖杆；6—下弦杆；7—小斜腹杆；8—大斜腹杆。

图 3-24　方案 5 的结构

ETS-Ⅷ可展开天线上每个模块包含 6 个按角度均匀分布的基本单元，参考该天线模块的生成方法，将方案 5 所示的基本单元以其构件 1 为中心，沿周向阵列成角度相等的 6 个基本单元，得到图 3-25 所示的模块单元。

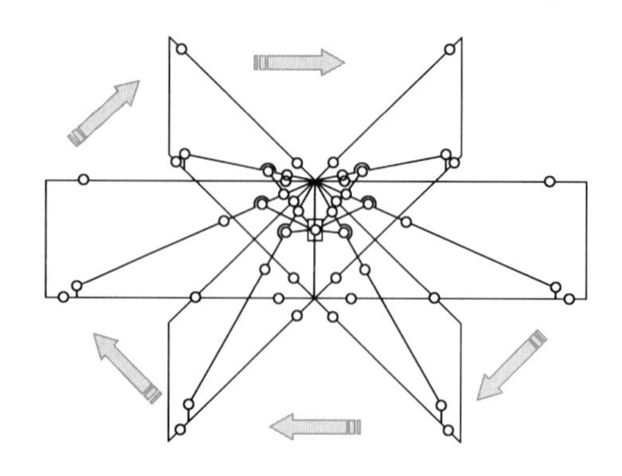

图 3-25　模块单元的基本构型

之所以阵列成 6 个基本单元，而不是其他数量，是因为由六边形组成的模块其相互之间可以很好地进行连接，而不需要其他形状的模块来进行补充，图 3-26(a)至图 3-26(h)给出了从三角形模块到十边形模块连接的示意图。

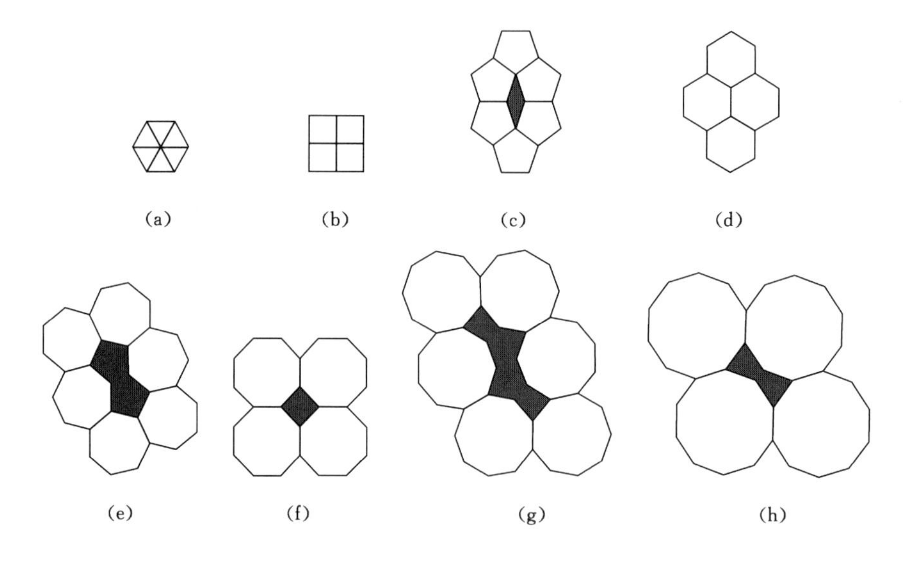

图 3-26　模块连接示意图

从图 3-26 可以看出，除三角形、四边形和六边形外，其他结构的模块均不能构成封闭的图形。虽然三角形和四边形也能够构成封闭的图形，但就单个模块而言，在边长相同的情况下，其围成的面积均不如六边形大，即其利用率不如六边形的高；并且三角形和四边形模块其两相邻基本单元间的夹角分别为 120°和 90°，都大于六边形模块的夹角，由此构成的模块的稳定性和刚度都不是很好。

综合分析，采用六边形模块组成的支撑机构其性能最优。

3.4　本章小结

本章基于图论理论对金属网面式可展开天线基本单元的构型综合方法进行了研究。根据几种典型可展开天线基本单元的展开原理，总结出其运动链的特点；按照运动链参数之间的关系，建立了 4 种基本单元的拓扑图模型；利用邻接矩阵分析了构件及运动副的拓扑对称性，得到了满足拓扑要求的基本单元的构型方案。该方法简单实用，可综合出所有可能的机构类型，且可用邻接矩阵等数学语言表述，方便了计算机自动实现基本单元的构型综合。

基于可展开天线模块化结构基本单元的设计要求，采用模糊综合评价的方法对受多种因素影响的基本单元进行了优选，建立了模糊综合评价的数学模型，采用加权平均算子，得到了模糊综合评价的结果向量，最后根据最大隶属度原则确定了综合性能最优的方案。

参考文献

[1] 颜鸿森.机械装置的创造性设计[M].北京：机械工业出版社，2002.

[2] TANKERSLEY B C. Maypole (Hoop/Column) deployable reflector concept development for 30 to 100 meter antenna[C]//Harris corporation Melbourne：AIAA，1979：446-458.

[3] OZAWA S, TSUJIHATA A. Lightweight design of 30 m class large deployable reflector for communication satellites[C]//52nd AIAA/ASME/ASCE/AHS/ASC structures, structural dynamics and materials conference. Denver：AIAA，2011：1-7.

[4] 于海波，于靖军，毕树生，等.基于图论的可重构机器人构型综合[J].机械工程学报，2005，41(8)：79-83.

[5] 刘缵武.应用图论[M].长沙：国防科技大学出版社，2006.

[6] 邱雪松，邓宗全，胡明.可展开式月球车车轮构型设计及构态变换分析[J].机械工程学报，2006，42(增刊)：148-151.

[7] 于靖军，刘辛军，丁希仑，等.机器人机构学的数学基础[M].北京：机械工业出版社，2008.

[8] 李所军.月球探测车摇臂悬架设计参数优化及折展实验研究[D].哈尔滨：哈尔滨工业大学，2009.

第4章　模块化可展开天线支撑机构的空间几何模型

4.1　引言

模块化可展开天线的支撑机构是天线工作表面的重要支撑结构，是维持结构稳定的重要保证，支撑机构展开后各关键点的位置精度直接影响天线的形面精度，进而影响天线的工作效率。因此为了对天线进行结构设计以及为支撑机构的精度测量提供理论参考，对支撑机构进行空间几何建模十分重要。

抛物面天线具有方向性强、工作频带宽等优点，是卫星天线设计中一种较为理想的结构形式。模块化可展开天线也按照这种方式进行设计，其工作表面具有抛物面形状，而由于支撑机构中杆件众多，因此为了减少杆件类型、简化设计过程，支撑机构上各关键点需要构成一个具有单一曲率的球面。众所周知，球面可以用若干个正五边形和正六边形的组合来逼近，但若全部采用六边形则不能够保证球面的光滑性和平顺性。为此本章提出两种建模方法，分别为等尺寸模块的建模和不等尺寸模块的建模。等尺寸模块的含义为支撑机构中各模块的杆件尺寸完全相同，多模块连接时通过调整基本单元间的夹角来构成支撑机构。不等尺寸模块的含义为支撑机构中各模块的杆件尺寸不完全相同，建模时将平面划分为若干个正六边形网格，然后将关键点投影至球面来建立模型。

本章根据最小二乘法原理，在对拟合误差进行等效代换的基础上，提出一种抛物面形天线工作表面的球面拟合方法。将组成支撑机构的模块分为等尺寸和不等尺寸两种类型，依据每种类型的特点，基于齐次坐标变换方法，提出了两种天线支撑机构的空间几何建模方法，对等尺寸模块建模时存在的连接偏差进行了分析并给出了调整方法，对不等尺寸模块的几何模型进行了验证。

4.2　天线工作表面的拟合方法

4.2.1　可展开天线类型分析

卫星通信在现代通信技术中发挥着巨大的作用，它具有频带宽、覆盖面广、组网灵活、通信容量大、通信线路性能稳定可靠、机动灵活等优点[1-2]。这些优点不但满足了人们日常生活的需要，而且也使卫星通信成为航空航天技术应用的重要领域。

按天线工作表面被截区域进行划分，抛物面天线可分为正馈型和偏馈型两种。用一与旋转抛物面同轴的圆柱面去截该曲面，所截得的曲面称为正馈型天线；用一与旋转抛物面不同轴的圆柱面去截该曲面，所截得的曲面称为偏馈型天线，如图 4-1 所示。由于正馈型天线工作表面少部分被馈源所遮挡，在天线口径、工作频率、制造精度相同的情况下，正馈天线的效率要低于偏馈天线。因此，目前很多星载天线都采用偏馈型。

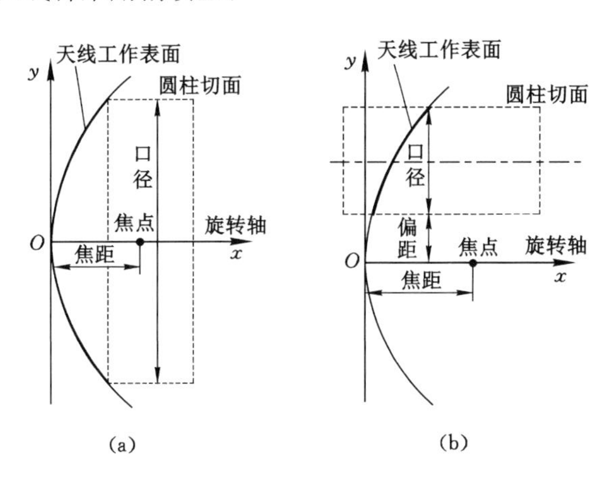

图 4-1　抛物面天线类型

(a) 正馈型；(b) 偏馈型

4.2.2　支撑机构与工作表面关系

支撑机构位于工作表面的背部，是工作表面的关键支撑结构。由于天线采用模块化思想，各模块的结构参数几乎相同，因此支撑机构的关键点位于同一个球面上。这就导致抛物面形工作表面与球形支撑机构两者间存在一个形状差异，这种差异可通过支撑机构上的支撑杆来调节，误差越大，需要的支撑杆越长。支撑机构与工作表面的关系如图 4-2 所示。

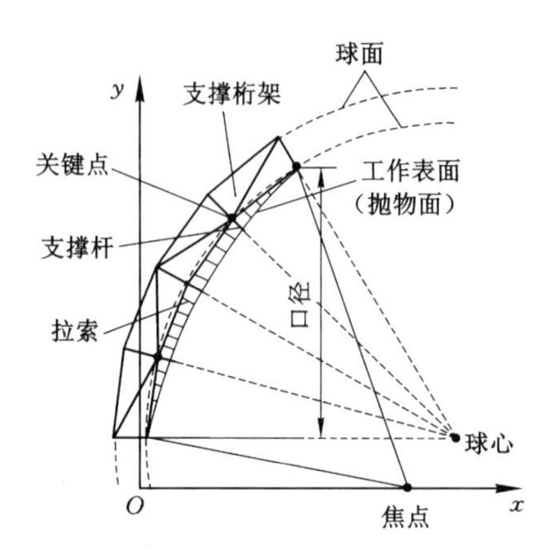

图 4-2　支撑机构与工作表面关系

若使天线整体结构具有较高的稳定性，应尽量缩短支撑杆的长度，根据文献[3]，模块边长、模块高度和支撑杆长度的比值为 20∶5∶1，可见支撑杆的长度很短，因此需要保证两种曲面尽可能相接近，这就需要寻找一种合适的拟合方法来缩小两者的差异，并且保证拟合的最大误差小于支撑杆的长度。拟合结果可为天线支撑机构的结构设计、精度测量等提供理论基础。

4.2.3　工作表面拟合

由于天线工作表面是一个具有对称性的旋转曲面，可以将问题简化成对抛物线的圆弧拟合。同时由于模块化可展开天线采用偏馈形式，如图 4-3 所示，天线工作表面是由母抛物面截取所得，因此只需对母抛物面母线$\overset{\frown}{OQ_0}$中的这一段

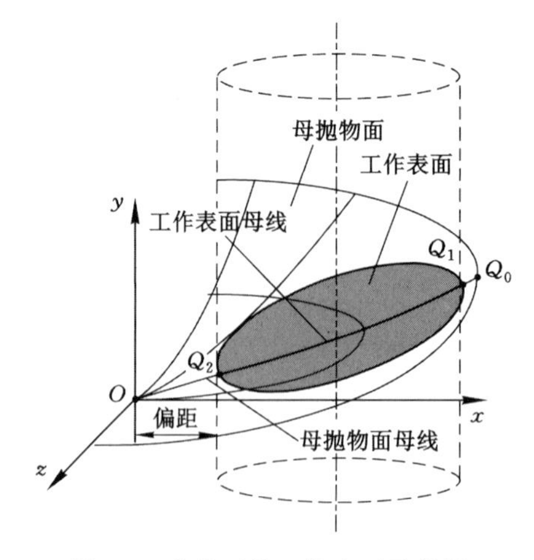

图 4-3　偏馈天线工作表面示意图

工作表面母线$\widehat{Q_1Q_2}$进行拟合。工作表面母线$\widehat{Q_1Q_2}$的方程可通过图 4-4 所示的流程图求出。

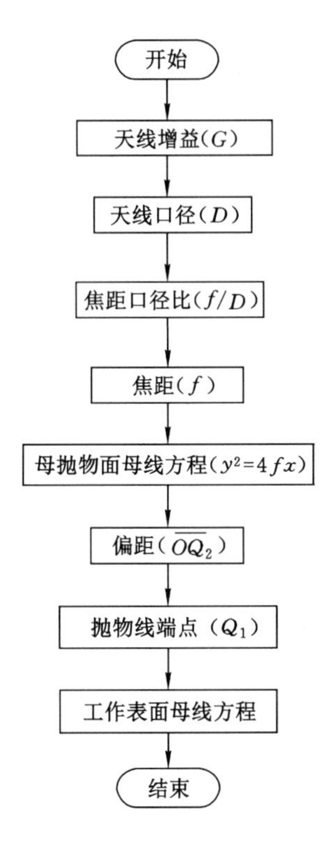

图 4-4　工作表面母线方程求解流程图

利用圆弧进行拟合,常用的方法有双圆弧法和三点共圆法等。双圆弧法精度较高,但参数多、计算量大、拟合效率低,实际应用较少。三点共圆法简单快捷,但拟合精度受待拟合曲线上 3 个节点选取的影响很大,并且除给定节点外,在未给定节点处拟合误差较大,实际上也较少应用。采用最小二乘法对天线抛物线进行拟合,拟合曲线不但可以很好地反映出离散点的变化趋势,而且还能够保证拟合误差的平方和达到最小。因此,本书采用最小二乘法对天线进行拟合。

在进行圆弧拟合时,最关键是要得到拟合圆弧的圆心坐标(a,b)及圆弧半径 r,如图 4-5 所示。设待拟合抛物线方程为 $y^2=4fx$,$Q_2\leqslant x\leqslant Q_1$,其离散点坐标为$(x_i,y_i)$,$i=1,2,\cdots,n$。设拟合圆的标准方程为:

$$(x-a)^2+(y-b)^2=r^2 \tag{4-1}$$

令 $c=a^2+b^2-r^2$,将式(4-1)展开并整理得:

$$x^2+y^2-2ax-2by+c=0 \tag{4-2}$$

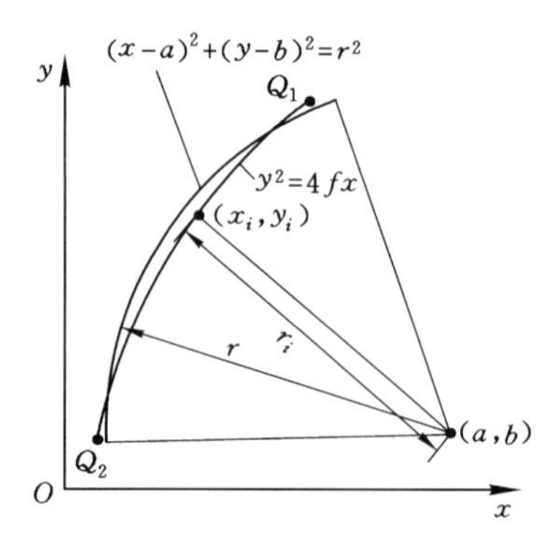

图 4-5　抛物线的圆弧拟合

拟合误差可表示为抛物线上某离散点到拟合圆弧中心的距离 r_i 与 r 之差，则离散点 i 的最小二乘圆弧误差为：

$$\delta_i = r_i - r = \sqrt{x_i^2 + y_i^2 - 2ax_i - 2by_i + r^2 + c} - r \tag{4-3}$$

由最小二乘法的计算原则可知，若需拟合误差的平方和最小，则可以得到如下方程组：

$$\frac{\partial \sum_{i=1}^{n} \delta_i^2}{\partial a} = \frac{\partial \sum_{i=1}^{n} \delta_i^2}{\partial b} = \frac{\partial \sum_{i=1}^{n} \delta_i^2}{\partial c} \tag{4-4}$$

式(4-4)为非线性方程组，很难进行直接求解。经过分析，r_i 和 r 非常接近[4]，$r_i^2 - r^2 = (r_i + r)(r_i - r) \approx 2r\delta_i$，由此可以看出径向平方差$(r_i^2 - r^2)$与 δ_i 次数相同，两者相差一个系数，可以近似认为等价，对误差进行等效代换处理，得到等效拟合误差的平方和为：

$$\delta^2 = \sum_{i=1}^{n} (r_i^2 - r^2)^2 = \sum_{i=1}^{n} (x_i^2 + y_i^2 - 2ax_i - 2by_i + c)^2 \tag{4-5}$$

同理，再对 a、b、c 求偏导并整理得：

$$\begin{bmatrix} a \\ b \\ c \end{bmatrix}^{\mathrm{T}} \begin{bmatrix} \sum_{i=1}^{n} 2x_i^2 & \sum_{i=1}^{n} 2x_i y_i & \sum_{i=1}^{n} 2x_i \\ \sum_{i=1}^{n} 2x_i y_i & \sum_{i=1}^{n} 2y_i^2 & \sum_{i=1}^{n} 2y_i \\ -\sum_{i=1}^{n} x_i & -\sum_{i=1}^{n} y_i & -n \end{bmatrix} = \begin{bmatrix} \sum_{i=1}^{n} (x_i^2 + y_i^2) x_i \\ \sum_{i=1}^{n} (x_i^2 + y_i^2) y_i \\ \sum_{i=1}^{n} (x_i^2 + y_i^2) \end{bmatrix}^{\mathrm{T}} \tag{4-6}$$

以步长为 1，在待拟合抛物线上取所有的离散点，即进行全样本拟合。通过式(4-6)即可求出 a、b、c 三个参数的值,也就得到了(a,b)及 r。最后,根据对称性可以求得拟合球的球面方程。

4.2.4　抛物线拟合的误差修正

由于拟合圆弧与原抛物线之间的差异是通过支撑杆来调节的,因此要将每一个离散点的拟合误差与许用误差$[\delta]$,即支撑杆的长度进行比较。由于支撑机构位于天线工作表面的背部,因此需要重点考虑抛物线背部的拟合误差情况。如果抛物线背部最大误差的绝对值$|-\delta_{\max}|\leqslant[\delta]$,则拟合结果满足精度要求。否则,需要对拟合圆弧进行修正。

如图 4-6 所示,在整个拟合曲线段内,计算所有离散点的误差,在误差最大点处沿径向移动,保证:

$$|-\delta_{\max}|-\Delta l \leqslant [\delta] \tag{4-7}$$

式中　Δl——移动距离。

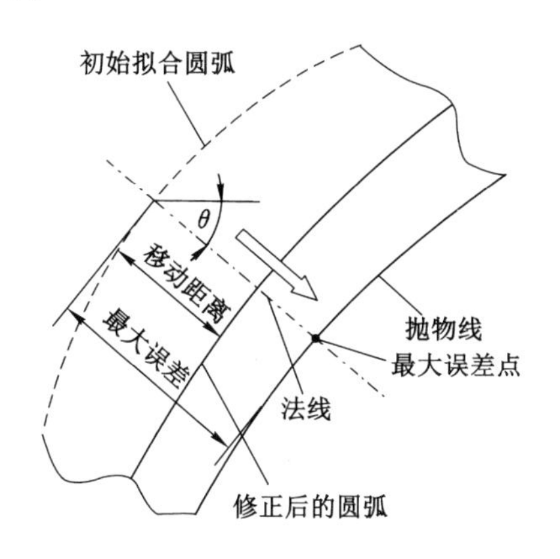

图 4-6　误差修正

从图 4-6 可以看出,可以通过增大初始拟合圆弧沿法线的移动距离来修正拟合误差,移动距离越大,所需支撑杆越短。但支撑机构位于工作表面背部的区域将减少,进而引起天线有效口径随之减小,因此只要保证移动后的距离等于支撑杆长度即可。

移动的方向为:

$$\tan\theta = \left|\frac{y_{\max}-b}{x_{\max}-a}\right| \tag{4-8}$$

式中　θ——法线与 x 轴的夹角;

$(x_{\max},y_{\max})$——误差最大点的坐标。

修正后,拟合圆弧的圆心坐标为$(a+\Delta l\cdot\cos\theta,b-\Delta l\cdot\sin\theta)$,圆弧的半径

不变，仍为 r。

4.3 等尺寸模块的天线支撑机构几何模型

由于每个模块具有相同的几何参数，因此单个模块的几何模型是相同的，不同的是每个模块的坐标系相对于总体坐标系的位置，所以，可首先建立单模块的几何模型，再求得每个模块相对于总体坐标系的变换矩阵，那么整个支撑机构的几何模型就能够建立起来。

4.3.1 单模块的几何模型

按关键点在空间的位置，将每个模块分为上表面和下表面两层。上、下表面各有 7 个关键点，分别为 1 个中心点和 6 个轮廓点，如图 4-7 所示。上、下表面在 y 方向的差值为模块的高度，因此只要求得某一层表面上各关键点的坐标，则可以知道另一层上各关键点的坐标，那么模块的几何模型便可建立起来。本书以上表面为例来阐述建模的过程。

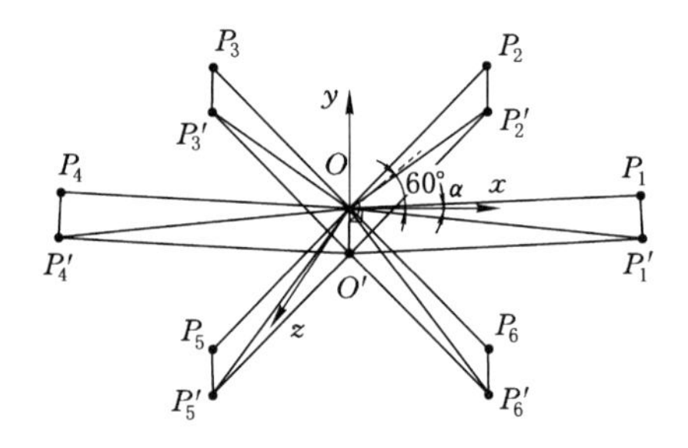

图 4-7 单模块的几何模型

在中心杆的关键点 O 处建立坐标系 $\{O\}$，y 轴的方向为从中心杆的下方沿轴线指向上方；x 轴在 P_1Oy 平面内，其方向由 O 指向外侧。6 个关键点依次为 $P_1 \sim P_6$，设逆时针方向为正。书中如无特殊说明，各模块的坐标系均按此规则建立。

由于在进行支撑机构设计时，用球形支撑机构去拟合抛物面形天线表面，因此上、下弦杆都有一定的倾斜角度，即图 4-7 中的 α，称为肋倾角，$\alpha = \angle xOP_1$。

P_1 点的齐次坐标为[5-7]：

$$\boldsymbol{P}_1 = [l\cos\alpha \quad l\sin\alpha \quad 0 \quad 1]^{\mathrm{T}} \tag{4-9}$$

式中 l——模块边长，$l = \overline{OP_1}$。

6 个基本单元呈对称分布，相邻两关键点与 y 轴所组成平面的夹角均为

60°，则各关键点的齐次坐标为：

$$\boldsymbol{P}_i = \mathrm{Rot}(y, \phi_j)\boldsymbol{P}_1 = \begin{bmatrix} l\cos\alpha\cos\phi_j \\ l\sin\alpha \\ -l\cos\alpha\sin\phi_j \\ 1 \end{bmatrix} \tag{4-10}$$

式中　ϕ_i——旋转变换的角度，$\phi_i = \dfrac{j\pi}{3}$，$j=0,1,\cdots,5$，$i=j+1$。

4.3.2　多模块的几何模型

为便于建模，对每个模块进行编号，设逆时针方向为正，如图 4-8 所示。分别在模块 1～7 上建立坐标系$\{O_0\}$，$\{O_1\}$，…，$\{O_6\}$，将$\{O_0\}$作为总体坐标系或称全局坐标系，将$\{O_1\}$～$\{Q_6\}$作为基坐标系，模块 1 的模型可通过单模块的建模直接求得。模块 2～7 的模型可先求出模块 2 相对总体坐标系的变换矩阵，再按照分布关系求出其他模块的变换矩阵。

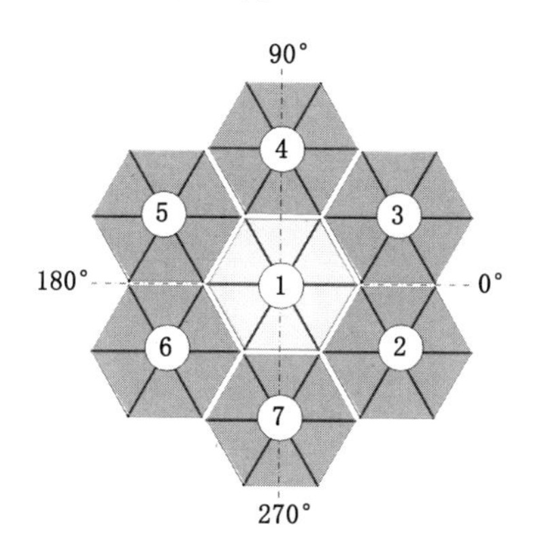

图 4-8　模块位置分布

对模块 2～7 的关键点 P_n^k 进行约定，n 代表基坐标系编号，$1\leqslant n\leqslant 6$；k 代表关键点的序号，$1\leqslant k\leqslant 6$。书中如无特别说明，所有 k、n 均为 1～6。

过模块 1 与模块 2 中心杆轴线做一截面 A，则此截面经过拟合球的球心。平面 $P_1O_0P_6$ 和 $P_1P_6O_1$ 的交线 P_1P_6 与此截面交于一点 P_0。在模块 1 和模块 2 上分别建立过渡坐标系$\{O'_0\}$和$\{O'_1\}$，O'_0 和 O'_1 分别与 O_0 和 O_1 重合，两个坐标系的 y 轴也分别与 y_0 和 y_1 重合，x 轴均在截面 A 内，方向如图 4-9 所示。

模块 2 相对于模块 1 的变换矩阵由 3 部分组成，$\{O'_0\}$相对于$\{O_0\}$的变换

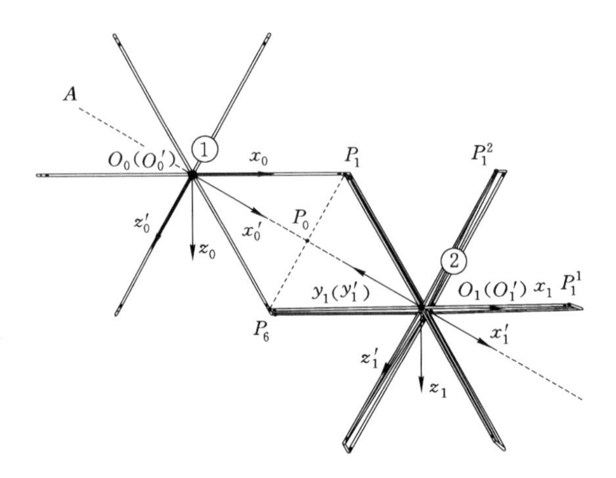

图 4-9 模块 2 与模块 1 的坐标变换

矩阵 $\boldsymbol{T}_1$；$\{O'_1\}$相对于$\{O'_0\}$的变换矩阵 $\boldsymbol{T}_2$；$\{O_1\}$相对于$\{O'_1\}$的变换矩阵 $\boldsymbol{T}_3$。$\boldsymbol{T}_1$ 和 $\boldsymbol{T}_3$ 分别为：

$$\boldsymbol{T}_1 = \mathrm{Rot}(y_0, -\pi/6) \tag{4-11}$$

$$\boldsymbol{T}_3 = \mathrm{Rot}(y_1, -\pi/6) \tag{4-12}$$

$\boldsymbol{T}_2$ 可在截面 A 内求出，如图 4-10 所示，设圆心角$\angle O_0OP_0 = \angle O_1OP_0 = \beta$，$\overline{O_0O} = \overline{O_1O} = \overline{P_0O} = r$，$r$ 为拟合球的半径。在$\triangle OO_0O_1$ 中可得：

$$\begin{cases} \overline{O_0O_1} = 2r\sin\beta \\ \angle x'_0O_0O_1 = \beta \end{cases} \tag{4-13}$$

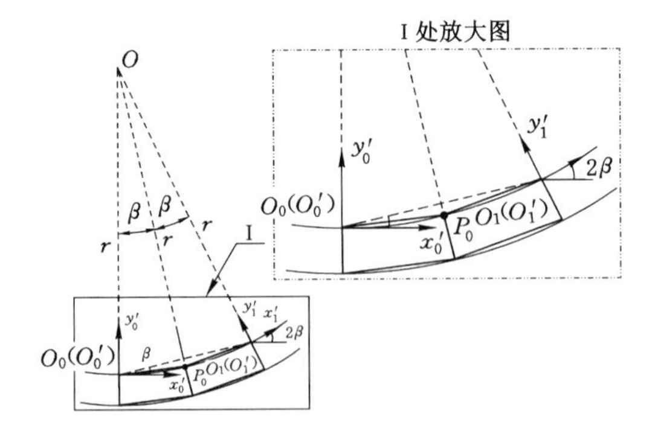

图 4-10 过渡坐标系间的坐标变换

那么：

$$T_2=\begin{bmatrix}\mathrm{Rot}(z_{O'_0},2\beta) & {}^{O'_0}O_1\\ 0 & 1\end{bmatrix} \tag{4-14}$$

式中　${}^{O'_0}O_1$——O_1 在$\{O'_0\}$中的坐标。

模块 2 相对于模块 1 变换矩阵为：

$${}^{O_0}_{O_1}T=T_1T_2T_3 \tag{4-15}$$

式中　${}^{O_0}_{O_1}T$ 的上标 O_0 代表总体坐标系$\{O_0\}$，下标 O_1 代表基坐标系$\{O_1\}$。

模块 2 的模型，即模块 2 各关键点在$\{O_0\}$中的坐标为：

$${}^{O_0}P_0^k={}^{O_0}_{O_1}T\mathrm{Rot}(y,\phi_j)P_1 \tag{4-16}$$

其他模块基坐标系的变换矩阵与模块 2 的变换矩阵类似，只是 T_1 和 T_3 绕各自 y 轴旋转的角度不同，根据模块及坐标系间的位置关系，可得到其他基坐标系相对于总体坐标系的变换矩阵，见表 4-1。

表 4-1　各基坐标系与总体坐标系变换矩阵的关系

模块编号	变换矩阵			
	T_1	T_2	T_3	T
2	$\mathrm{Rot}(y_0,-\pi/6)$	$T_2=\begin{bmatrix}\mathrm{Rot}(z_{O'_0},2\beta) & {}^{O'_0}O_1\\ 0 & 1\end{bmatrix}$	$\mathrm{Rot}(y_1,\pi/6)$	$T=T_1T_2T_3$
3	$\mathrm{Rot}(y_0,\pi/6)$	不变	$\mathrm{Rot}(y_2,-\pi/6)$	不变
4	$\mathrm{Rot}(y_0,\pi/2)$	不变	$\mathrm{Rot}(y_3,-\pi/2)$	不变
5	$\mathrm{Rot}(y_0,5\pi/6)$	不变	$\mathrm{Rot}(y_4,-5\pi/2)$	不变
6	$\mathrm{Rot}(y_0,7\pi/6)$	不变	$\mathrm{Rot}(y_5,-7\pi/6)$	不变
7	$\mathrm{Rot}(y_0,3\pi/2)$	不变	$\mathrm{Rot}(y_6,-3\pi/2)$	不变

由此，得到任意模块相对于模块 1 的变换矩阵：

$$\begin{cases}T_1=\mathrm{Rot}(y_0,(2n-3)\pi/6)\\ T_2=\begin{bmatrix}\mathrm{Rot}(z_{O'_0},2\beta) & {}^{O'_0}O_1\\ 0 & 1\end{bmatrix}\\ T_3=\mathrm{Rot}(y_n,(3-2n)\pi/6)\end{cases} \tag{4-17}$$

模块 2～7 总的变换矩阵：

$${}^{O_0}_{O_n}T=T_1T_2T_3 \tag{4-18}$$

模块 2～7 总的模型为：

$${}^{O_0}P_n^k={}^{O_0}_{O_n}T\ \mathrm{Rot}(y,\phi_j)P_1 \tag{4-19}$$

将单模块的几何模型与其他 6 个模块的模型联立，得到整个天线支撑机构的几何模型：

$$\begin{cases} \boldsymbol{P}_i = \mathrm{Rot}(y, \phi_j)\boldsymbol{P}_1 \\ {}^{O_0}\boldsymbol{P}_n^k = {}^{O_0}_{O_n}\boldsymbol{T}\mathrm{Rot}(y, \phi_j)\boldsymbol{P}_1 \end{cases} \tag{4-20}$$

4.3.3 连接偏差分析及调整

4.3.3.1 连接偏差分析

根据前面建立的几何模型，应用 MATLAB 软件建立支撑机构的三维模型，如图 4-11 所示，从图中可以看到，连接偏差出现在最外层模块的连接处，由于模块具有对称性，仍从模块 2 入手来进行分析。

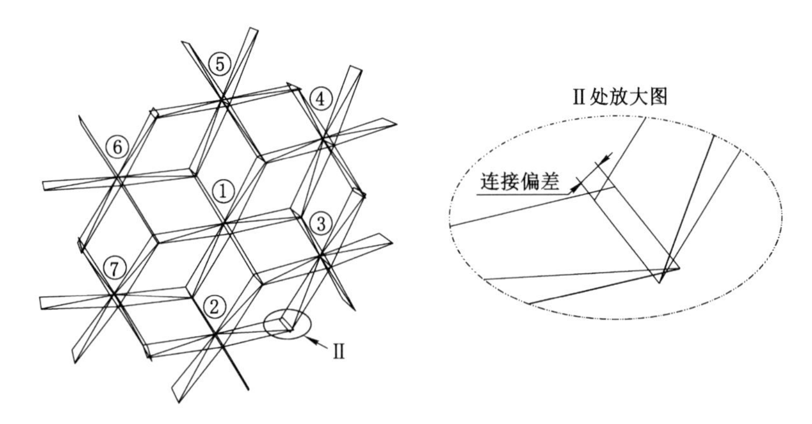

图 4-11 模块间连接偏差分布图

模块 2 的第二个点为连接偏差点，根据式(4-19)可得：

$${}^{O_0}P_1^2 = {}^{O_0}_{O_1}\boldsymbol{T}\mathrm{Rot}(y, \phi_1)P_1^1 = {}^{O_0}_{O_1}\boldsymbol{T}\mathrm{Rot}(y, \frac{\pi}{3})P_1^1 \tag{4-21}$$

连接偏差为该点在 Z 轴方向的坐标值，得到偏差的计算公式：

$$Z_{O_0 P_1^2} = -\frac{\sqrt{3}}{2}l\cos\alpha - \frac{1}{2}l\sin 2\beta\sin\alpha + r\sin\beta\cos\beta \tag{4-22}$$

式(4-22)中参数 α 和 β 均可转换成含模块边长 l 及拟合球半径 r 的表达式。由拟合关系可得：

$$\alpha = \arcsin(\frac{l}{2r}) \tag{4-23}$$

由图 4-9 和图 4-10 可知：

$$\begin{cases} l_{P_1P_2} = l\cos\alpha \\ l_{O_0P_0} = \sqrt{l^2 - \left(\frac{l\cos\alpha}{2}\right)^2} = l/2\sqrt{4-\cos^2\alpha} \end{cases} \tag{4-24}$$

那么：

$$\beta=2\arcsin\left(\frac{l}{4r}\sqrt{4-\cos^{2}\alpha}\right)=2\arcsin\left(\frac{\sqrt{12r^{2}+l^{2}}}{8r^{2}}l\right)\tag{4-25}$$

拟合球的半径可以通过对不同模块边长的天线进行拟合得到。因此，经过上述分析偏差的计算公式只与模块边长有关。

本书选取口径为 2～6 m 的 10 种不同边长的天线进行分析，取边长 l 分别为 500 mm，600 mm，…，1 400 mm，据文献[8]取 $f/D=0.8$，偏距取 40 mm，则可以得到焦距、拟合球半径、连接偏差分别与边长的关系曲线，如图 4-12 所示。

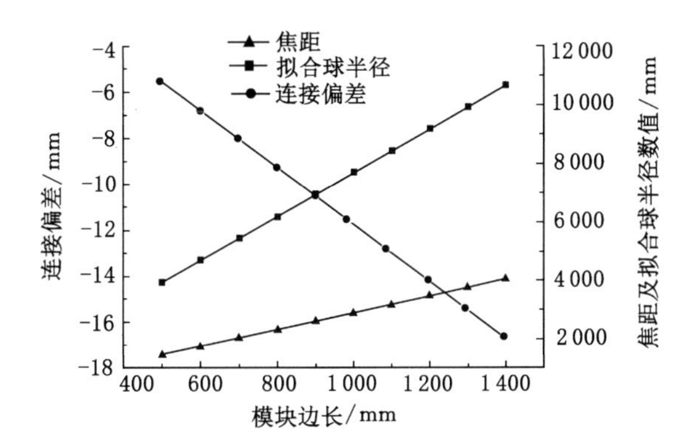

图 4-12　模块边长对焦距、拟合球半径、连接偏差的影响

从图 4-12 可以看出，随着边长的增加连接偏差的绝对值增大，负号表示在连接处两个模块的上弦杆存在干涉，并且这种干涉一直存在。焦距和半径也与边长成正比关系，从两条曲线的斜率可以看出，拟合球半径随边长增加较快。此外，连接偏差、焦距及拟合球半径均分别与边长呈近似线性关系，对它们进行最小二乘多项式拟合，得到拟合曲线为：

$$\begin{cases}y_{1}=0.560-0.012x\\y_{2}=2.88x\\y_{3}=184.34+7.47x\end{cases}\tag{4-26}$$

式中　x——模块边长；

y_1——连接偏差；

y_2——焦距；

y_3——拟合球半径。

从拟合结果可以看出，三条曲线均具有良好的线性行为。在精度要求不是很高的情况下，可以直接通过式(4-26)求得各参数。

4.3.3.2　连接偏差调整方法

对模块进行设计时,必须保证模块达到无缝连接,需要在出现偏差处对基本单元旋转一定角度,即保证旋转后偏差点的 Z 向分量为零。

拟合球的球心坐标为$(0,r,0)$,设模块 2 基坐标系原点$(x_{O_1},y_{O_1},z_{O_1})$,调整前关键点 C_1 的坐标为$(x_{c_1},y_{c_1},z_{c_1})$,调整后关键点 C_2 的坐标为$(x_{c_2},y_{c_2},0)$,如图 4-13 所示。

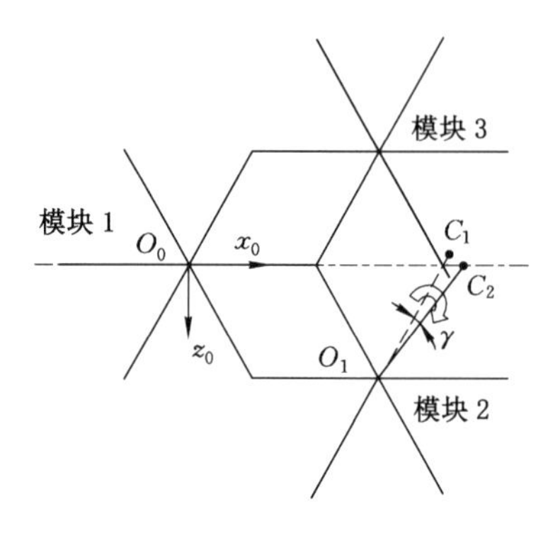

图 4-13　连接偏差调整示意图

关键点在调整后应满足两个条件:第一,它与模块 2 基坐标系原点的距离保持不变,仍为模块边长;第二,它仍然在球面上。那么可以从以下方程组得到调整后节点的坐标:

$$\begin{cases}\sqrt{(x_{c2}-x_{O1})^2+(y_{c2}-y_{O1})^2+(0-z_{O1})^2}=l\\(x_{c2}-0)^2+(y_{c2}-r)^2+(0-0)^2=r^2\end{cases}\tag{4-27}$$

根据直线的两点式方程,可得由(x_{c1},y_{c1},z_{c1})和(x_{O1},y_{O1},z_{O1})构成的直线 L_1,$(x_{c2},y_{c2},0)$和(x_{O1},y_{O1},z_{O1})构成的直线 L_2 的方向向量$\overline{s_1}=\{m_1,n_1,p_1\}$和$\overline{s_2}=\{m_2,n_2,p_2\}$。

那么两直线的夹角为:

$$\cos\gamma=\frac{|m_1m_2+n_1n_2+p_1p_2|}{\sqrt{m_1^2+n_1^2+p_1^2}\cdot\sqrt{m_2^2+n_2^2+p_2^2}}\tag{4-28}$$

式中　γ——需要调整的角度。

4.4　不等尺寸模块的天线支撑机构几何模型

为满足未来空间科学任务对大口径可展开天线的要求,同时保证模块间实现无缝连接，本书提出一种球面投影法来建立天线支撑机构的几何模型，该方法可以对任意数量、任意大小的模块进行几何建模。

4.4.1　模块的分层次拓扑

为建立支撑机构的几何模型，首先分析模块在平面上的拓扑性质。把平面划分成若干个正六边形模块，经分析，发现模块的增长具有一定的规律性[9]，这里引入“分层次拓扑”的概念，把最中心的模块定义为第 1 层，把包围第 1 层模块的若干个模块定义为第 2 层，把包围第 2 层模块的若干个模块定义为第 3 层，依此类推，如图 4-14 所示。同时，将各层次模块进行组合即可得到一个完整的几何图形。

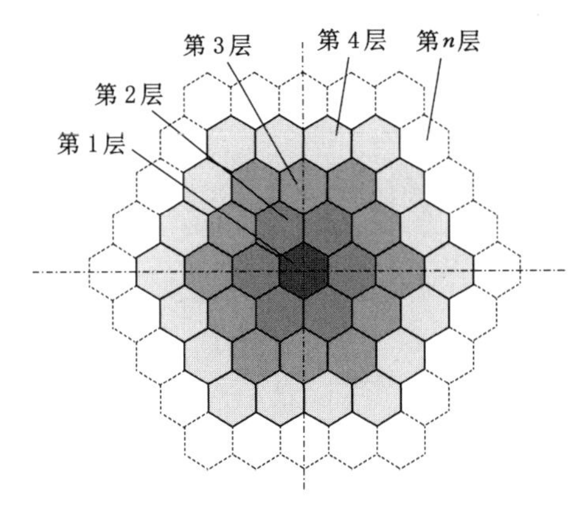

图 4-14　分层次拓扑示意图

分层次拓扑的性质可概括为沿径向拓扑、沿周向阵列。同时，模块数量的增长是按层次有规律的增加。对模块的拓扑性质进一步分析，给出第 2 层至第 5 层模块拓扑图(图 4-15)，由于第 1 层只有一个模块，不具有拓扑性，不予讨论。在每一个层次上，将模块的拓扑分为正向拓扑和斜向拓扑两类。正向拓扑指模块沿 x 轴的正方向增长，如图中各层次标“正向”的模块，通过它可以得到该层次上的其他 5 个模块，这 6 个模块间任意两个相邻模块夹角均相等。斜向拓扑指从第 3 层起模块沿与 x 轴的正方向成一定的角度方向增长，如图中各层次的斜一，斜二，……，同样通过它可以得到与它相关的其他 5 个模块。随着模块层次的增加，斜向模块的种类也逐渐增多。相同种类的所有模块，其中心到坐标原点的距离都相等。

为便于计算模块数量与模块层数的关系，给出模块数量的计算公式：

$$S = 1 + 6 \times \sum_{i=0}^{N-1} i \text{，} (N \geqslant 1) \tag{4-29}$$

式中　S——模块的数量；

　　N——模块的层数。

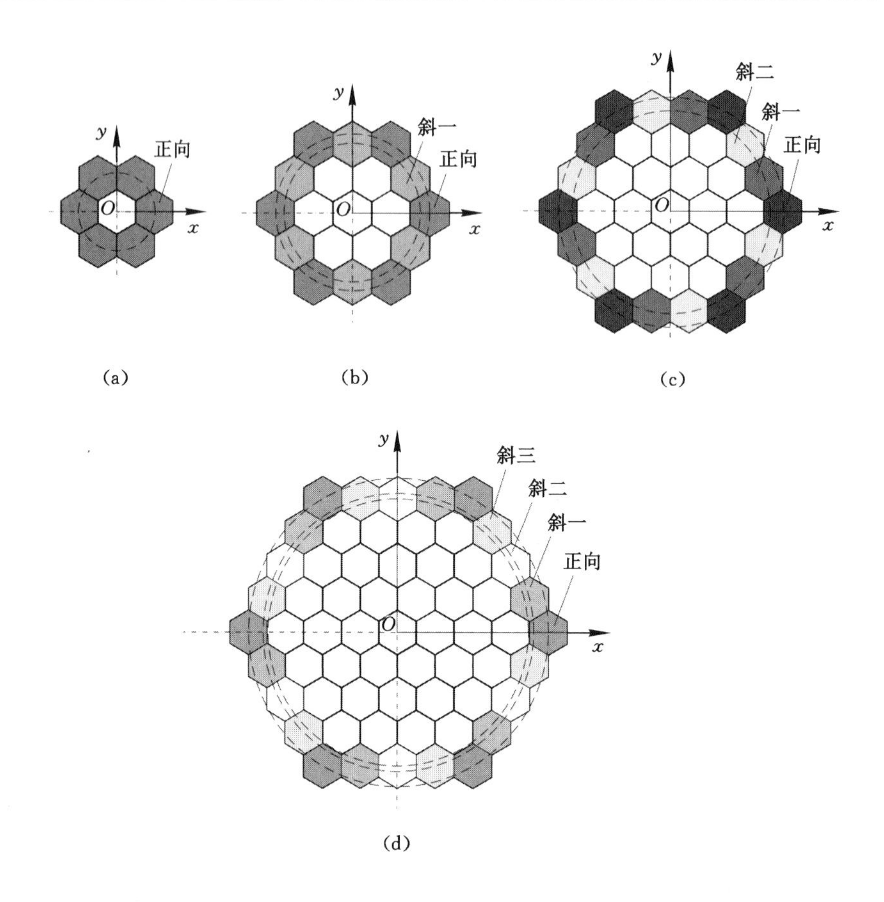

图 4-15　第 2 至第 5 层模块拓扑图

(a) 第 2 层模块拓扑图；(b) 第 3 层模块拓扑图；(c) 第 4 层模块拓扑图；(d) 第 5 层模块拓扑图

参照等尺寸模块的建模步骤，建模时可首先建立单平面模块的几何模型，然后再按照两种拓扑方式建立多平面模块的几何模型，最后得到天线支撑机构的几何模型。

4.4.2　单平面模块的几何模型

4.4.2.1　球面投影关系的建立

支撑机构上、下表面的关键点分别处于各自的球面内，2 个球面为半径长度不等的同心球，半径差为模块高度。因此，若建立了模块上表面关键点的几何模型，便可求得下表面关键点的模型。本书以上表面为例，阐述如何建立支撑机构的几何模型。模块的数量和尺寸可以通过天线的增益等参数确定，在平面上按正六边形划分模块，将各模块上的关键点正向投影至球面，如图 4-16 所示。根据投影后各关键点的空间坐标，可以得到每个模块的尺寸参数，从而确定天线的结构尺寸。

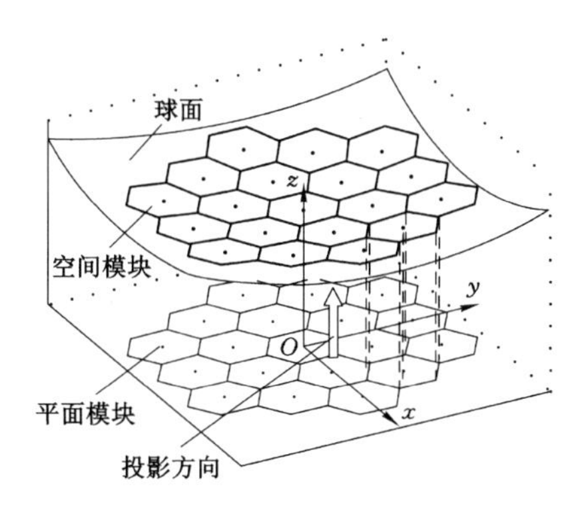

图4-16　平面模块与空间模块的投影关系

建立支撑机构的空间几何模型，需要建立平面与空间的投影关系，由于该几何模型是由若干个关键点从平面投影至球面所得，所以这些关键点之间具有相同的投影关系，选取任意一点来建立这种关系。

假设平面上一点 K，它在平面上的坐标为$(x,y,0)$，球面方程为：

$$x^2+y^2+(z-R)^2=R^2 \quad -R\leqslant x\leqslant R,-R\leqslant y\leqslant R,0\leqslant z\leqslant R \tag{4-30}$$

投影至球面后，点 K 的 z 向坐标为：

$$z=R-(R^2-x^2-y^2)^{1/2} \tag{4-31}$$

4.4.2.2　单平面模块的建模

建立图4-17所示的坐标系，坐标系的原点与正六边形的中心重合，x 轴垂直于边$\overline{P_1P_6}$，方向为由模块内部指向外部。y 轴由 O 指向 P_2 点；z 轴符合右手定则，设逆时针方向为正，模块的边长为 l。

根据几何关系，P_1 点的齐次坐标为：

$$\boldsymbol{P}_1=[l\cos 30^\circ \quad l\sin 30^\circ \quad 0 \quad 1]^{\mathrm{T}} \tag{4-32}$$

则模块中任意一点的坐标，即单平面模块的几何模型为：

$$\boldsymbol{P}_{n+1}=\mathrm{Rot}(z,\phi_n)\boldsymbol{P}_1=\begin{bmatrix}\frac{\sqrt{3}}{2}l\cos\phi_n-\frac{1}{2}l\sin\phi_n\\ \frac{\sqrt{3}}{2}l\sin\phi_n+\frac{1}{2}l\cos\phi_n\\ 0\\ 1\end{bmatrix},\phi_n=\frac{n\pi}{3},n=0,1,\cdots,5 \tag{4-33}$$

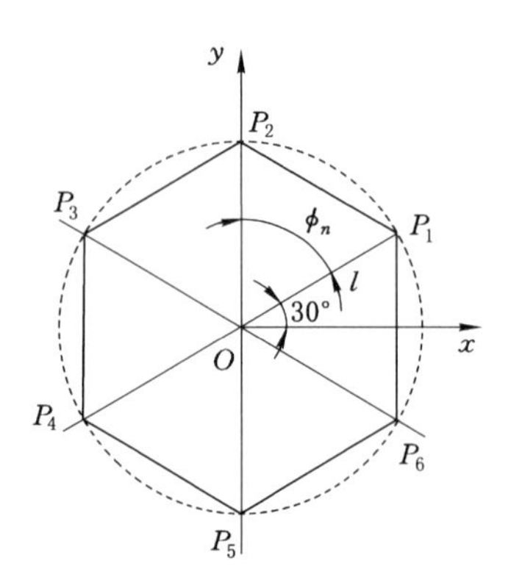

图 4-17　单平面模块模型

式中　ϕ_n——P_1 点与自身及其他各点的夹角。

4.4.3　多平面模块及天线支撑机构的几何模型

4.4.3.1　正向拓扑模块的几何模型

从第 2 层开始，正向拓扑模块的数量沿 x 轴正向以$\sqrt{3}l$ 的长度逐层增加，因此正向拓扑的变换矩阵为：

$$\boldsymbol{T}_{q+1}=\begin{bmatrix}0&0&0&\sqrt{3}ql\cos\phi_i\\0&1&0&\sqrt{3}ql\sin\phi_i\\0&0&1&0\\0&0&0&1\end{bmatrix}\tag{4-34}$$

式中　q——拓扑的层次，$q=1,2,\cdots,+\infty$。$q=1$ 时为第 2 层，$q=2$ 时为第 3 层，依此类推；

ϕ_i——同一层次上 x 轴上的模块与其他 5 个模块的夹角，$\phi_i=\frac{i\pi}{3}$，$i=0,1,\cdots,5$。

单个模块各关键点的坐标表达式仍为式(4-33)，正向拓扑的几何模型为：

$$\boldsymbol{P}'_{n+1}=\boldsymbol{T}_{q+1}\mathrm{Rot}(z,\phi_n)\boldsymbol{P}_1\tag{4-35}$$

4.4.3.2　斜向拓扑模块的几何模型

从第 3 层开始出现斜向拓扑模块，因此从第 3 层开始分析。建立图 4-18 所示的任意斜向类型模块的模型。在第 1 层模块的中心建立总体坐标系$\{O_0\}$，在该斜向类型的 6 个模块的中心建立坐标系$\{O_k\}$，k 表示同一种斜向拓扑模块中各模块的序号，$k=1,2,\cdots,6$。α 为斜向第 1 个模块的中心与总体坐标系原点的连线$\overline{O_1O_0}$与 x_0 轴正向的夹角；β_i 为第 1 个模块与其他模块的夹角，$\beta_i=\dfrac{i\pi}{3}$，$i=0,1,\cdots,5$；L_m 为当斜向拓扑模块的种类数为 m 时，点 O_1 与点 O_0 之间的距离。

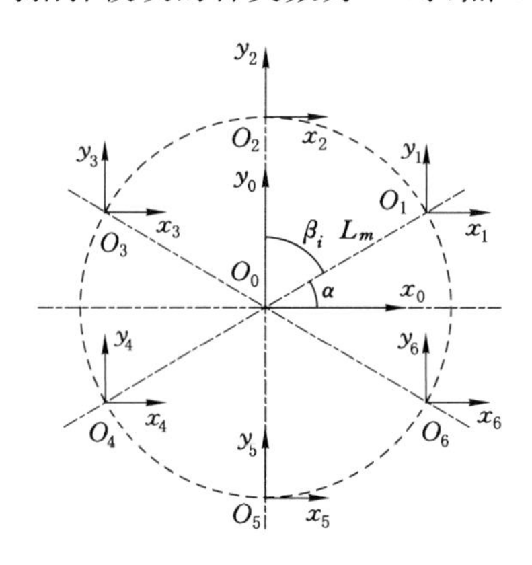

图 4-18　斜向拓扑模块模型

(1) 变换矩阵的确定

建立斜向拓扑的几何模型，就是要得到各关键点在$\{O_0\}$中的坐标。因此，首先要建立$\{O_k\}$相对于$\{O_0\}$的变换矩阵，再通过单平面模块的几何模型，就可以建立斜向拓扑的几何模型。

$\{O_1\}$到$\{O_0\}$的变换矩阵：

$$\boldsymbol{T}_1=\begin{bmatrix}1 & 0 & 0 & L_m\cos\alpha \\ 0 & 1 & 0 & L_m\sin\alpha \\ 0 & 0 & 1 & 0 \\ 0 & 0 & 0 & 1\end{bmatrix} \tag{4-36}$$

$\{O_k\}$相对于$\{O_0\}$的变换矩阵为：

$$^{O_0}_{O_k}\boldsymbol{T}_m=\begin{bmatrix}1 & 0 & 0 & L_m\cos(\beta_i+\alpha) \\ 0 & 1 & 0 & L_m\sin(\beta_i+\alpha) \\ 0 & 0 & 1 & 0 \\ 0 & 0 & 0 & 1\end{bmatrix},k=1,2,\cdots,6 \tag{4-37}$$

(2) 参数值的确定

在式(4-37)中，L_m 和 α 为 2 个未知参数，根据模块拓扑关系及正六边形的性质，可以得到：

$$L_m=\sqrt{(\frac{2q-m}{2}\sqrt{3}\,l)^2+(\frac{3m}{2}l)^2} \tag{4-38}$$

$$\tan\alpha=(\frac{3m}{2}l)/(\frac{2q-m}{2}(3)^{1/2}l)=(3)^{1/2}m/(2q-m)$$

$$q=1,2,\cdots,+\infty;\quad m=1,2,\cdots,q-1 \tag{4-39}$$

(3) 斜向拓扑模块的模型

坐标系$\{O_1\}\sim\{O_6\}$中任意一个关键点在$\{O_0\}$中的坐标，即斜向拓扑的几何模型为：

$$\boldsymbol{P}''_{n+1}={}^{O_0}_{O_k}\boldsymbol{T}_m\boldsymbol{R}(z,\phi_n)\boldsymbol{P}_1 \tag{4-40}$$

4.4.3.3　多平面模块和天线支撑机构的几何模型

通过正向拓扑模型和斜向拓扑模型的组合，可以得到多平面模块的几何模型：

$$\begin{cases}\boldsymbol{P}'_{n+1}=\boldsymbol{T}_{q+1}\boldsymbol{R}(z,\phi_n)\boldsymbol{P}_1\\ \boldsymbol{P}''_{n+1}={}^{O_0}_{O_k}\boldsymbol{T}_m\boldsymbol{R}(z,\phi_n)\boldsymbol{P}_1\end{cases} \tag{4-41}$$

将单平面和多平面两个几何模型与球面投影关系相联立，得到空间可展开天线支撑机构的几何模型：

$$\begin{cases}\boldsymbol{P}_{n+1}=\boldsymbol{R}(z,\phi_n)\boldsymbol{P}_1\\ \boldsymbol{P}'_{n+1}=\boldsymbol{T}_{q+1}\boldsymbol{R}(z,\phi_n)\boldsymbol{P}_1\\ \boldsymbol{P}''_{n+1}={}^{O_0}_{O_k}\boldsymbol{T}_m\boldsymbol{R}(z,\phi_n)\boldsymbol{P}_1\\ x^2+y^2+(z-R)^2=R^2\end{cases} \tag{4-42}$$

4.4.4　模型的验证

通过 2 个算例来对模型的准确性进行验证：① 建立一个包含 5 层模块的支撑机构的上表面几何模型；② 建立一个 7 个模块的支撑机构几何模型，模型包括上、下表面，即完整的支撑机构空间几何模型。

4.4.4.1　拓扑方式的验证

根据 4.2 节所述的拟合方法，对图 4-19 所示的天线工作表面母线进行了拟合，得到拟合的球面半径 R=4 701 mm。经计算，平面正六边形模块的边长 l=580 mm，分别建立该支撑机构上表面的正向拓扑模型和斜向拓扑模型，如图 4-20(a)和图 4-20(b)所示。最后，将两个模型进行组合，即可得到 5 层支撑机构的上表面几何模型，如图 4-20(c)所示。

分析表明：正向拓扑可以认为模块以第 1 层模块为中心呈辐射状增长，但模块的种类不随层次的增加而改变；斜向拓扑同样可以看作辐射状增长，但模块的种类随层次的增加而增加。因此，采用这两种拓扑方式建立的模型能很好地衔接在一起，组合后能够保证模块间不存在连接偏差。

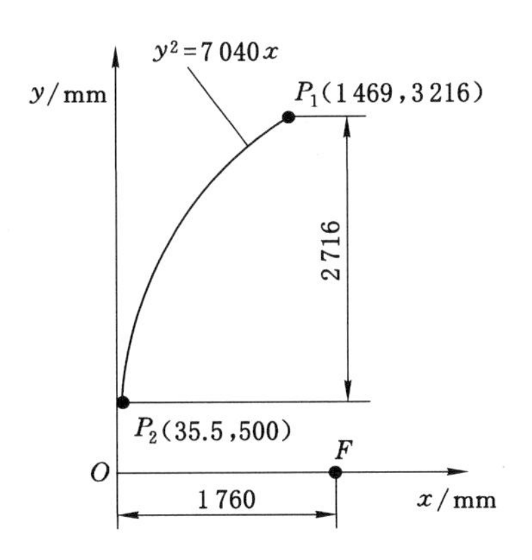

图 4-19　天线几何参数

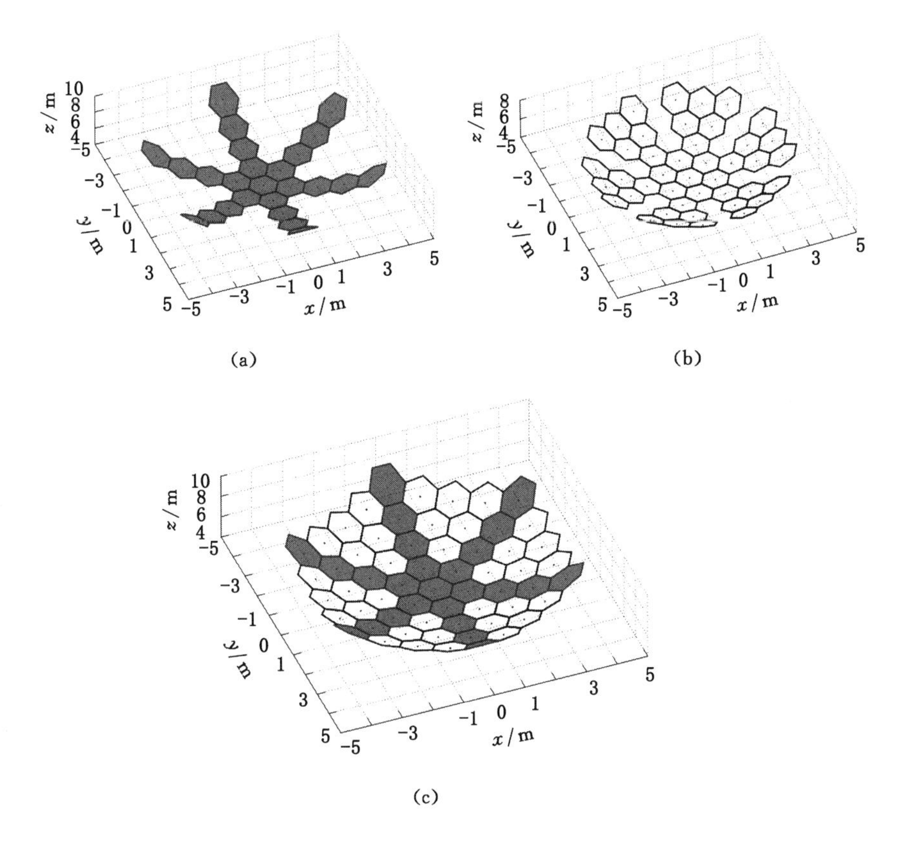

图 4-20　5 层模块的几何模型

(a) 正向拓扑模型；(b) 斜向拓扑模型；(c) 总的模块的几何模型

4.4.4.2 支撑机构模型的建立

根据图 4-19 所示的天线几何参数，建立一个具有 7 个模块的天线支撑机构的几何模型。用圆将包含 2 层模块的平面图形进行包络，根据几何关系，得平面圆半径 $r'=\sqrt{7}l$。模块上下表面各参数的计算过程省略，只给出计算结果。模块上表面各参数值为：r=1 536 mm，l=580 mm，R=4 701 mm，投影后杆长 581 mm，模块高度 145 mm。模块下表面各参数值为：r'=1 583 mm，l=598 mm，R=4 846 mm。支撑机构的空间几何模型如图 4-21 所示。

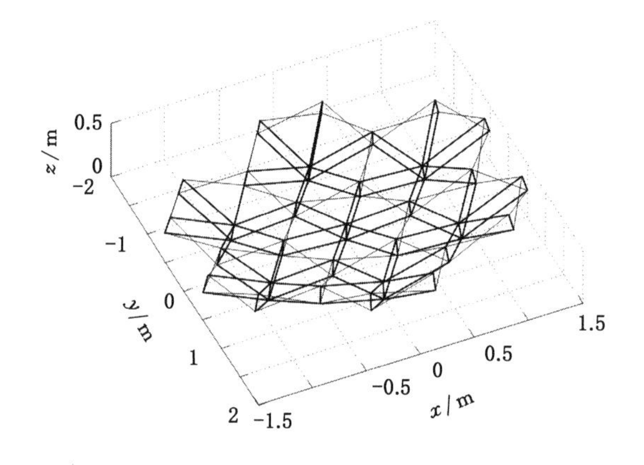

图 4-21 支撑机构的空间几何模型

以上算例表明，采用平面拓扑、空间投影的方法能较好地建立支撑机构的空间几何模型，模型精度高，建模速度快，是一种切实可行的理论模型。

4.5 本章小结

本章对模块化可展开天线支撑机构的空间几何模型的建模方法进行了研究。首先，针对天线工作表面与支撑机构形状差异的问题，基于最小二乘法，通过对拟合误差进行等效代换，提出一种抛物面形天线工作表面的球面拟合方法。在此基础上，根据天线的应用背景，将组成支撑机构的模块分为等尺寸和不等尺寸两种类型，基于齐次坐标变换方法，提出了这两种支撑机构的空间几何建模方法。对由 10 种不同大小模块组成的支撑机构进行了分析，建立了焦距、拟合球半径、连接偏差分别与边长的关系；提出了连接偏差的调整方法；对不等尺寸模块几何模型的正确性进行了验证。由于等尺寸模块支撑机构的杆件类型少，模块化程度较高，本书对等尺寸模块支撑机构进行了研究。

参考文献

[1] 段宝岩.大型空间可展开天线的研究现状与发展趋势[J].电子机械工程，2017,33(1):1-14.

[2] HUANG H, GUAN F L, PAN L L, et al. Design and deploying study of a new petal-type deployable solid surface antenna[J]. Acta astronautica, 2018,148:99-110.

[3] YAMADA K, TSUTSUMI Y J, YOSHIHARA M, et al. Integration and testing of large deployable reflector on ETS-Ⅷ[C]//21st International Communications Satellite Systems Conference and Exhibit. Yokohama: AIAA,2003:2217.

[4] 乐英，韩庆瑶，王璋奇.数控加工中非圆曲线的最小二乘圆弧逼近[J].华北电力大学学报，2006,33(6):102-104.

[5] 于靖军.机器人机构学的数学基础[M].北京：机械工业出版社，2015.

[6] 蔡自兴.机器人学[M].2 版.北京：清华大学出版社，2010.

[7] 陈晖，刘志兵，王西彬.旋转投影法评定孔类零件轴线直线度误差[J].哈尔滨工业大学学报，2020,52(7):147-152.

[8] MEGURO A, TSUJIHATA A, HAMAMOTO N, et al. Technology status of the 13 m aperture deployment antenna reflectors for Engineering Test Satellite Ⅷ[J]. Acta astronautica, 2000,47(2-9):147-152.

[9] HU F, SONG Y P, XU Y D, et al. Synthesis and optimization of modular deployable truss antenna reflector[J]. Aircraft engineering and aerospace technology, 2018,90(8):1288-1294.

第5章 模块化可展开天线支撑机构动力学特性分析

5.1 引言

模块化可展开天线支撑机构由刚性桁架和柔性拉索组成，属于刚柔耦合的多体系统。天线展开后，锁紧机构将支撑机构锁死，整个支撑机构变成一个稳定的结构，但由于天线展开口径大、刚度低，在姿态调整和在轨运行等阶段要经历复杂的动力学环境，可能会产生许多动力学问题，如与卫星本体间发生结构耦合干扰，受到空间碎片、陨石的冲击而产生强烈的振动等。因此对天线进行动力学分析，有利于掌握天线系统的动力学特性，从而为天线结构的优化及设计、展开过程的控制、驱动系统的设计等提供重要的依据。

模态分析是了解结构系统固有振动特性的一种有效方法，是进行结构系统动力学分析的基础，已经成为航天器结构分析中的一项关键内容。结构的谐响应分析和瞬态响应分析等多种响应分析都可用模态的线性组合进行表示，可见模态分析是十分重要的[1-2]。

本章采用 ANSYS 软件对模块化可展开天线支撑机构的动力学特性进行分析。首先，为建立尽可能准确的有限元模型，将支撑机构的结构进行简化处理。然后，根据等尺寸模块的空间几何模型，建立自由模态和约束模态两种工况下的有限元模型，基于子空间法对各工况进行模态分析，得到结构在各工况下的固有频率和振型，分析固有频率的变化规律及振型的特点。分析结构在周期载荷作用下的频率响应，进一步验证模态分析的结果。最后，研究中心杆、上下弦杆、斜腹杆、竖杆和拉索等参数对支撑机构固有频率的影响，从而给出提高一阶模态的方法。

5.2 可展开天线支撑机构的模态分析

对航天器振动基频与模态的要求是大多数航天器结构设计，特别是卫星结构设计的重要要求。由于航天器振动模态主要取决于航天器结构的刚度，因此，对航天器模态的要求有时也称为对结构的刚度要求。航天器结构模态分析是航天器结构分析的重要内容之一，在航天器结构研制过程中具有重要的作用[3-4]。

5.2.1　模态分析的基本理论

一般多自由度系统的动力学基本方程是：

$$[M]\{\ddot{u}\}+[C]\{\dot{u}\}+[K]\{u\}=\{P(t)\} \tag{5-1}$$

式中　$[M]$——质量矩阵；

$[C]$——阻尼矩阵；

$[K]$——刚度矩阵；

$\{\ddot{u}\}$——节点加速度矢量；

$\{\dot{u}\}$——节点速度矢量；

$\{u\}$——节点位移矢量；

$\{P(t)\}$——外力函数矢量。

分析结构动力学问题的主要工作是计算结构的固有频率和主振型，这一工作也是分析结构动力学响应的基础，分析结构的固有频率和主振型的问题可归纳为特征值和特征向量问题[5]。

对于无阻尼自由振动情况，即式(5-1)中$[C]$和$\{P(t)\}$均为零，那么可以得到自由振动方程：

$$[M]\{\ddot{u}\}+[K]\{u\}=0 \tag{5-2}$$

对于线性系统，$[M]$和$[K]$均为n阶方阵，可得特征方程：

$$|[K]-\omega^2[M]|=0 \tag{5-3}$$

由式(5-3)可求得特征值$\lambda_i(\lambda_i=\omega_i^2)$和对应的特征向量$\{\phi_i\}$，$\omega_i$为结构第$i$阶模态的角频率(rad/s)，$\{\phi_i\}$为其对应的振型。

模态刚度K_{ii}与模态质量M_{ii}和λ_i的关系为：

$$\lambda_i=K_{ii}/M_{ii}=\omega_i^2 \tag{5-4}$$

以模态坐标ζ_i取代物理上的位移矢量$\{u_i\}$，即令$\{u\}=[\phi]\{\zeta\}$，代入式(5-1)，且左乘$[\phi]^{\mathrm{T}}$，得：

$$[\phi]^{\mathrm{T}}[M][\phi]\{\ddot{\zeta}\}+[\phi]^{\mathrm{T}}[C][\phi]\{\dot{\zeta}\}+[\phi]^{\mathrm{T}}[K][\phi]\{\zeta\}=R(t)+[\phi]^{\mathrm{T}}\{N\} \tag{5-5}$$

假设模态阻尼$[\phi]^{\mathrm{T}}[C][\phi]$为对角阵，根据模态的正交性，去掉非线性外力项，可得非耦合运动方程组：

$$M_{ii}\ddot{\zeta}+C_{ii}\dot{\zeta}+K_{ii}\zeta=R_i(t),(i=1,2,3,\cdots) \tag{5-6}$$

这样，结构方程式的阶数由原系统的自由度数转换为$[\phi]$矩阵的模态。在得到每个振型的响应以后，可按$\{u\}=[\phi]\{\zeta\}$将它们叠加起来，就得到了系统的响应。

5.2.2 支撑机构的有限元建模

由于天线系统本身的结构比较复杂，很难直接推导出其振动方程，故采用有限元分析软件 ANSYS 计算其固有频率和固有振型。为了建立一个较精确的有限元模型，需要对支撑机构结构进行适当的简化处理，简化的原则是简化后的结构能够较准确地反映出杆件间的连接关系，能够得到比较可信的应力、应变和振型等信息。

本书对支撑机构结构进行的简化及模拟单元的选择如下。

(1) 天线完全展开后，锁紧机构将各铰链锁死，天线变成一个稳定的结构，因此认为各杆件间刚性连接。用 beam188 单元来模拟各种杆件，与 beam4 等简单的梁单元相比，beam188 计入了剪切效应和大变形效应，具有更强的非线性分析能力。

(2) 在中心杆的上、下关键点处及滑块上通过盘型铰链将各杆连接，分别用集中质量来模拟这三种铰链。用 mass21 单元来模拟集中质量，mass21 单元的位置一般位于被简化区域的质心处。

(3) 模块的基本单元间装有交叉拉索，交叉拉索具有一定的预紧力以保持结构的稳定。用 link10 单元模拟交叉拉索，link10 单元具有独一无二的双线性刚度矩阵，这一特性使其成为一个轴向仅受拉或仅受压杆单元。

建立支撑机构的有限元模型首先需要计算出各关键点的空间坐标，再将相应的关键点连接成上弦杆、下弦杆、斜腹杆等各种杆件。关键点及杆件的数量见表 5-1。

表 5-1 关键点及杆件的数量

<table>
<tr><th>数量</th><th>关键点</th><th>上弦杆</th><th>下弦杆</th><th>斜腹杆</th><th>竖杆</th></tr>
<tr><td>上表面数量</td><td>31</td><td>42</td><td>—</td><td rowspan="2">42</td><td rowspan="2">31</td></tr>
<tr><td>下表面数量</td><td>31</td><td>—</td><td>42</td></tr>
<tr><td>总数量</td><td>62</td><td colspan="4">157</td></tr>
</table>

5.2.3 支撑机构的模态分析

为了更好地掌握结构的振动特性，本书从自由模态和约束模态两种工况来对结构进行模态分析。自由模态主要通过以模拟边界条件为自由状态下的结构振动情况，了解结构本身的一些振动特性；约束模态则主要通过模拟边界条件为端部约束的结构振动情况，从而了解天线在轨工作时结构的状态[6-7]。

5.2.3.1 自由模态分析

支撑机构中各结构参数取为：杆件材料为铝合金 2A12，弹性模量 $E=70$ GPa，密度为 2 840 kg/m^3，泊松比为 0.31；中心杆的管外径×壁厚为 ϕ12 mm×1 mm，上弦杆、下弦杆、竖杆和斜腹杆均为 ϕ10 mm×1 mm，由于上弦杆和下弦杆受力形式相同，因此将它们作为一类杆件进行分析，统称为弦杆；3 个铰链的质量均是 0.02 kg；斜拉索直径为 ϕ1 mm，弹性模量 E=150 GPa，预紧力为 200 N；边界条件为结构处于无约束的自由状态。模块边长为600 mm，模块高度为 150 mm，天线展开后包络矩形的尺寸为 3 000 mm×3 118 mm。

运用前文建立的等尺寸模块的支撑机构几何模型，计算出各关键点的空间坐标，建立支撑机构在自由状态下的有限元模型，如图 5-1 所示。

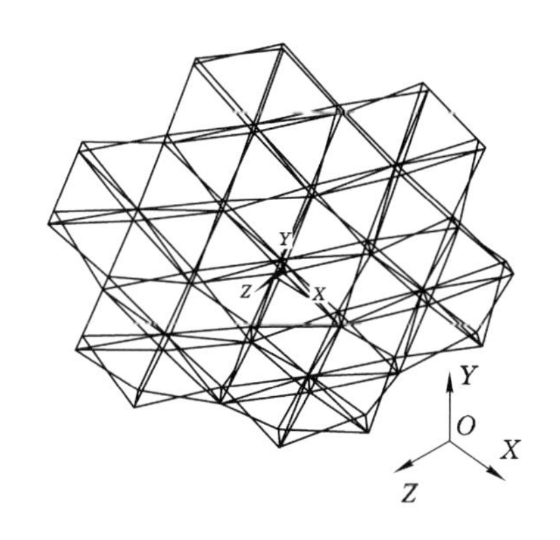

图 5-1　支撑机构在自由状态下的有限元模型

模态分析中模态的提取方法一般包括：分块兰索斯法、子空间法、缩减法、非对称法、阻尼法、QR 阻尼法和变换技术求解等。其中，使用比较广泛的是子空间法，它使用子空间迭代技术，由于该方法采用完整的刚度矩阵和质量矩阵，因此计算精度很高，并且计算速度较快。

本书运用子空间法对支撑机构进行模态分析，去除 6 个刚体模态(0 Hz)后，得到结构的前 5 阶固有频率为 29.643 Hz、29.644 Hz、58.027 Hz、68.461 Hz 和 72.133 Hz，见表 5-2，取其前四阶振型如图 5-2 所示。本书自由模态分析得到的固有频率和振型将作为第 6 章支撑机构动力学实验的对比数据。

表 5-2　支撑机构自由状态下的前五阶固有频率

阶次	一	二	三	四	五
频率/Hz	29.643	29.644	58.027	68.461	72.133

从表 5-2 和图 5-2 可知，支撑机构的第 1 阶和第 2 阶固有频率比较密集，两者

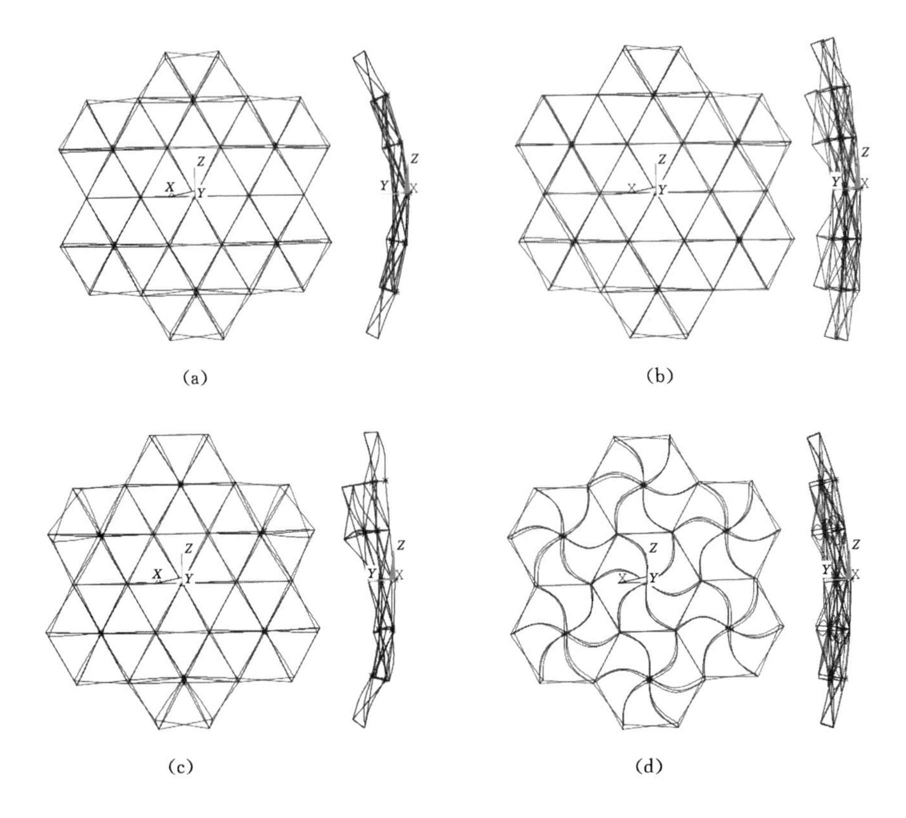

图 5-2 支撑机构自由状态下的前四阶振型图

(a) 第一阶振型图(29.643 Hz);(b) 第二阶振型图(29.644 Hz);

(c) 第三阶振型图(58.027 Hz);(d) 第四阶振型图(68.461 Hz)

相差仅为 0.001 Hz。第一阶振型表现为以 X 轴为对称轴两端向中间翘起,第二阶振型表现为整体的扭转,第三阶振型表现为有间隔的两端向中间翘起,从第四阶起,结构的内部开始出现局部模态,在各模块内部,基本单元以中心杆为旋转轴往复转动。将第一阶和第三阶振型进行对比发现,这两阶振型间表现为有节奏的呼吸振型,且随着阶次的提高呼吸的波形增多。

5.2.3.2 约束模态分析

天线在轨工作时,通常其结构的端部与卫星本体或由卫星本体伸出的伸展臂相连,因此约束模态分析的边界条件确定为对模块 2 与模块 3 连接的外侧竖杆进行全约束,竖杆位置如图 4-11 所示的Ⅱ处。为了从多个方面了解振动特性,除中心杆外,其他杆件的参数均取为 $\phi 8$ mm×1 mm,材料属性、质量块和拉索预紧力等保持不变。采用与自由模态相同的建模方法,建立该工况下的有限元模型,如图

5-3 所示。

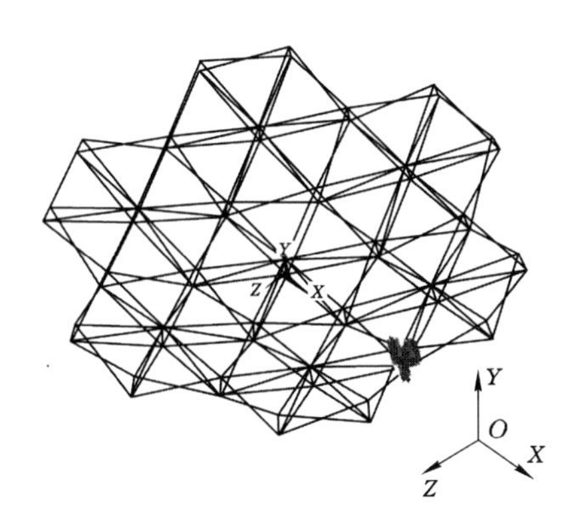

图 5-3　支撑机构约束下的有限元模型

对支撑机构进行模态分析,得到前十阶固有频率见表 5-3。图 5-4 给出了前十阶固有频率对应的模态振型。

表 5-3　支撑机构约束下的前 10 阶固有频率

阶次	一	二	三	四	五	六	七	八	九	十
频率/Hz	0.768	4.063	13.496	27.958	38.115	53.321	54.928	55.011	55.898	57.589
振型描述	整体绕 y 轴弯曲	整体绕 z 轴弯曲	整体扭转	整体绕 z 轴弯曲	整体扭转	局部模态	整体扭转	局部模态	局部模态	局部模态

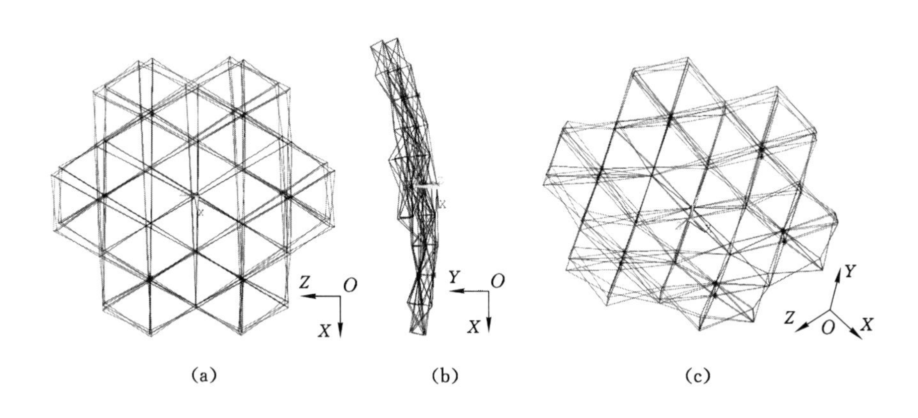

图 5-4　支撑机构约束下的前十阶振型图

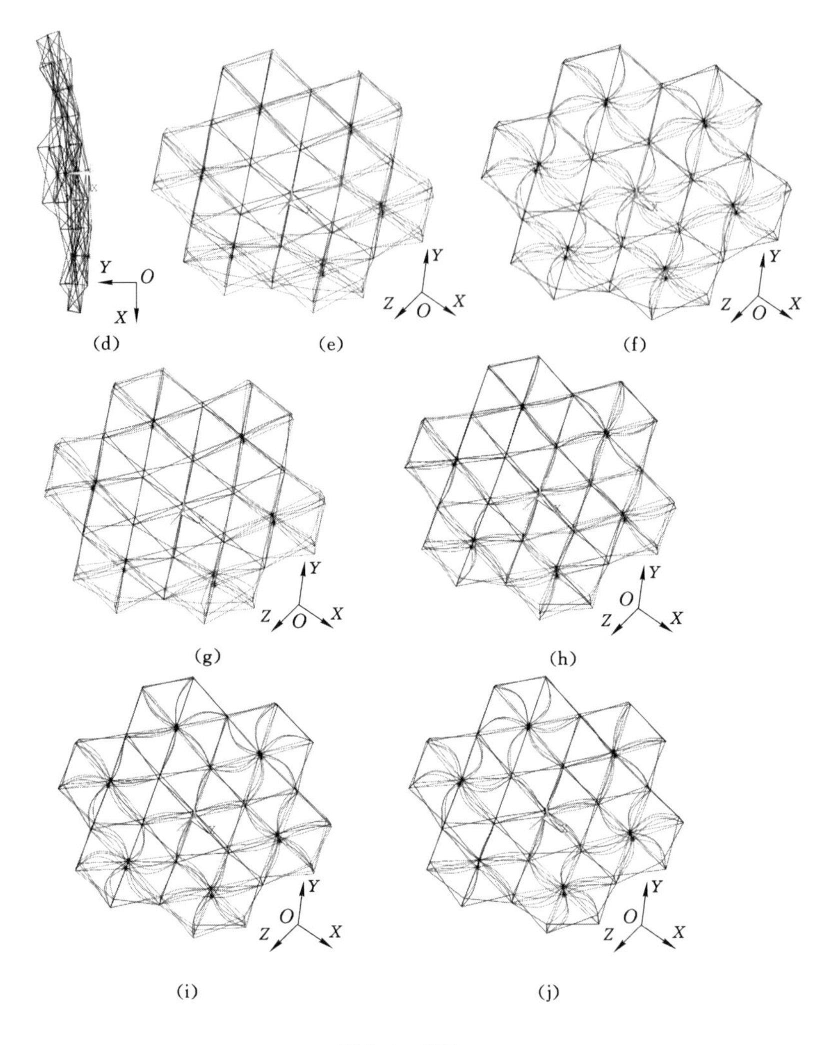

图 5-4 （续）

(a) 第一阶振型图；(b) 第二阶振型图；(c) 第三阶振型图；(d) 第四阶振型图；(e) 第五阶振型图；(f) 第六阶振型图；(g) 第七阶振型图；(h) 第八阶振型图；(i) 第九阶振型图；(j) 第十阶振型图

从表 5-3 可以看出，在这种边界条件下，支撑机构的固有频率较低，第一阶固有频率仅为 0.768 Hz，并且各阶数间分布比较密集，存在集团密频模态，如第七、八、九阶频率。从图 5-4 可以看出，结构的前五阶振型表现为整体的弯曲或扭转，单个模块的变形不大，但从第六阶振型起，支撑机构基本单元的变形增大，开始出现局部模态，但整体结构基本保持原状。也就是说天线支撑机构在低阶模态时表现为整体振动，在高阶模态时表现为局部振动。

5.3　可展开天线支撑机构的谐响应分析

谐响应分析又称为频率响应分析，是确定结构在周期载荷作用下的一种动力学响应分析。分析的目的是确定结构的共振频率以及结构对不同频率载荷的响应特性，并为此提供依据。

本书以下各章节中除特殊说明外，均采用与约束模态分析相同的分析模型，对支撑机构进行谐响应分析。计算支撑机构在不同频率正弦载荷作用下的响应值对频率的曲线，预测结构的持续动力特性。

选取支撑机构中 3 个比较有代表性的节点，分别为离约束最远的支撑机构的边缘节点 505、整个支撑机构的中心的节点 1 和离约束最远的基本单元内的节点 1972，3 个节点的位置如图 5-5 所示。

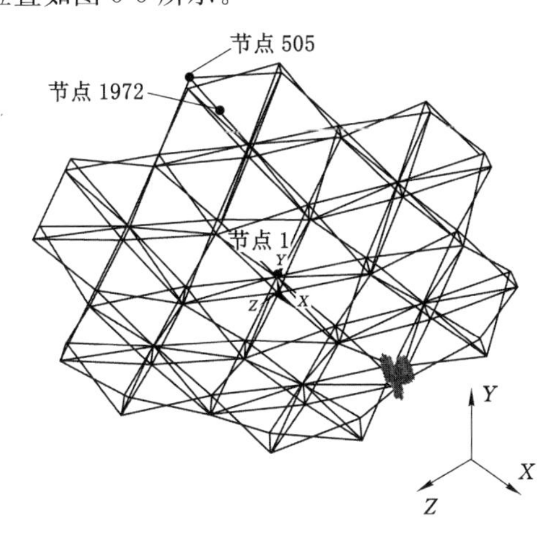

图 5-5　支撑机构模型中的检测点

谐响应分析是在结构模态分析的基础上进行的一种频域分析，得到的是位移随频率的变化曲线。确定加载的频率范围对于结构的谐响应分析是十分重要的，根据前文模态分析可知结构前十阶固有频率的变化范围为 0～57.6 Hz，因此本书选择加载的频率范围为 0～60 Hz。并且由于目前对天线在轨所受的实际简谐载荷幅值大小的报道较少，很难确定其具体数值，因此研究简谐载荷幅值大小对频响特性影响的实际意义并不大。同时，本书主要是想通过给定一个简谐载荷激励来观察结构对频率的响应特性，即观察测试点对哪些频率敏感，所以简谐载荷的幅值只要在一个适当的范围即可，这里选择在支撑机构的最前端，即节点 505 处施加 $+Y$向幅值为 10 N 的正弦载荷简谐激励。

谐响应分析通常有完全法、缩减法和模态叠加法等三种方法。完全法采用完整的系统矩阵计算谐响应，矩阵可以是对称或非对称的，而不必关心如何选取主自由度或振型，是三种方法中最容易使用的。本书选取完全法进行分析，取1 000个子步，得到3个节点在不同方向上的响应曲线，如图5-6至图5-8所示。

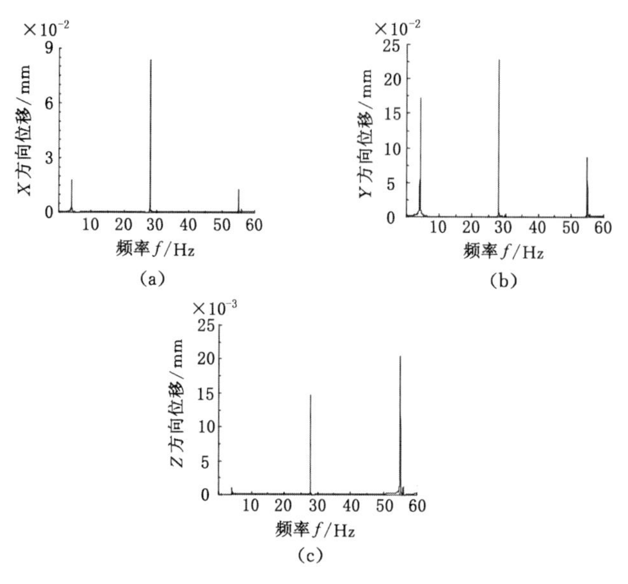

图5-6　节点505对载荷的频率响应曲线

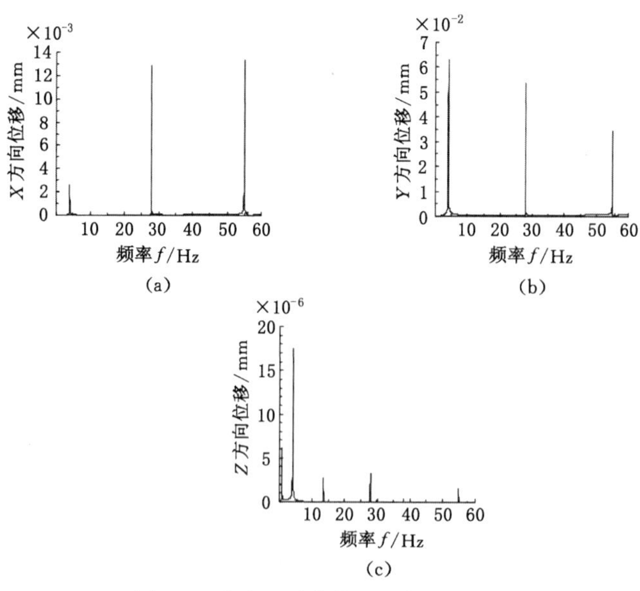

图5-7　节点1对载荷的频率响应曲线

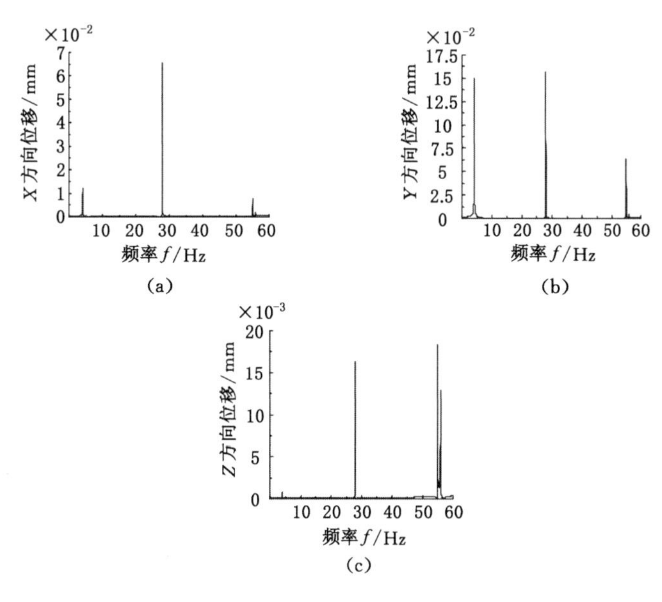

图 5-8　节点 1972 对载荷的频率响应曲线

由图 5-6 至图 5-8 可见，3 个节点的位移在支撑机构的固有频率处会被放大。由于结构的第二阶、第四阶和第七阶振型表现为整体绕 z 轴的弯曲或整体扭转，因此节点 505 对这 3 阶固有频率比较敏感，尤其在 Y 方向支撑机构的位移最大；节点 1 在 X 和 Y 方向的位移对上述 3 阶频率同样敏感，而 Z 方向的位移则对其他几阶频率比较敏感，尤其是低阶频率；节点 1972 的响应情况与节点 505 类似。以上分析表明，当外界正弦载荷频率接近或者达到支撑机构的固有频率时，支撑机构振动明显加剧。并且这些频率响应曲线和模态分析的结果是相符的，从而也证明了模态分析是正确的。

5.4　固有频率影响因素分析

支撑机构的结构参数如中心杆、弦杆、斜腹杆、竖杆、拉索直径和拉索预紧力等都会影响支撑机构的固有频率和动力学行为[8-9]。分析这些因素对支撑机构固有频率的影响可以找到增加支撑机构刚度和提高固有频率的有效措施，为支撑机构结构的优化设计提供依据。

5.4.1　拉索和质量块对频率的影响

分析拉索和质量块对固有频率的影响，考虑无索无质量块、无索有质量块、有索无质量块和有索有质量块四种情况。得到每种情况的固有频率见表 5-4，相应的柱状图如图 5-9 所示。

表 5-4　四种情况下的固有频率

频率阶次	无索无质量块/Hz	无索有质量块/Hz	有索无质量块/Hz	有索有质量块/Hz
一	0.785	0.756	0.794	0.768
二	3.753	3.615	4.201	4.063
三	5.570	5.355	13.890	13.496
四	10.048	9.761	28.679	27.958
五	11.570	11.385	38.881	38.115
六	11.712	11.575	53.363	53.321
七	13.023	12.913	55.470	54.928
八	13.078	13.076	55.747	55.011
九	13.206	13.206	56.317	55.898
十	13.593	13.314	57.600	57.589

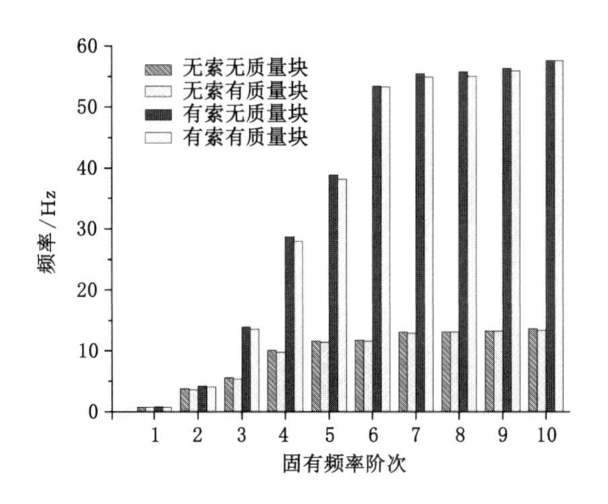

图 5-9　拉索和质量块对频率的影响

从表 5-4 和图 5-9 中可以看出，拉索和质量块对前两阶固有频率的影响较小，第一阶固有频率的变化率最大仅为 5.03%，第二阶的变化率为 16.21%。从第三阶开始，拉索对固有频率的影响变得越来越明显，与无拉索情况相比，固有频率增大的范围为 159.38%～326.45%。而有拉索时，有无质量块对固有频率影响的最大变化率仅为 2.58%。由此可见，对支撑机构进行模态分析时，拉索对固有频率的影响不可忽略，而质量块的影响在要求不是很高的情况下可以忽略。为更加真实地分析各种因素的影响，下文分析中，均考虑了拉索和质量块。

5.4.2　结构材料对频率的影响

材料是形成航天器结构和机构的物质基础。航天器结构与机构的性能，特别是航天器结构的性能在很大程度上取决于材料的性能[4]。适用于航天器的材料通常有轻金属材料和复合材料两大类，本书分别在两类材料中各选取一种进行分析，分别选取铝合金 2A12 和碳纤维 M60J，两种材料的弹性模量分别为70 GPa和588 GPa，密度分别为 2 840 kg/m^3 和 1 940 kg/m^3。得到两种材料的固有频率见表 5-5，相应的柱状图如图 5-10 所示。

表 5-5　两种材料的固有频率

频率阶次	铝合金/Hz	碳纤维/Hz
一	0.768	2.822 6
二	4.063	13.297
三	13.496	47.284
四	27.958	94.339
五	38.115	129.16
六	53.321	133.50
七	54.928	184.08
八	55.011	184.30
九	55.898	195.81
十	57.589	198.45

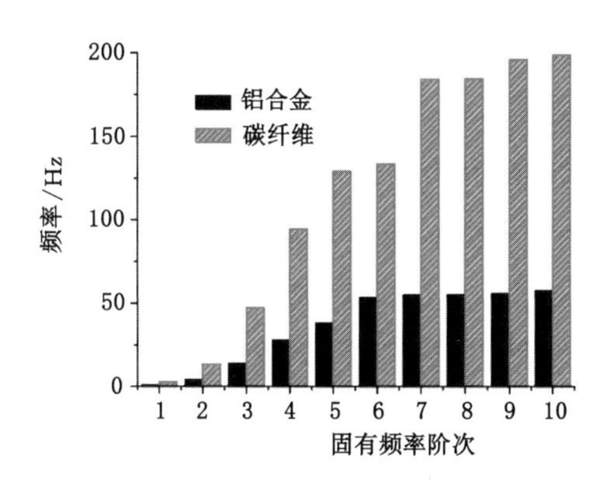

图 5-10　结构材料对频率的影响

从图 5-10 可以看出，采用碳纤维进行分析时，固有频率有明显的提高，增加幅度为 227.27%～267.53%，这是因为与铝合金相比，碳纤维具有很高的弹性模量和较低的密度，但碳纤维的制造成本较高。以铝合金为代表的轻金属材料和以碳纤维为代表的复合材料都有各自的优点，在对支撑机构进行选材时，应从支撑机构的设计要求出发，综合考虑材料的机械性能、物理性能和制造工艺性能等因素。

5.4.3 结构尺寸参数对频率的影响

支撑机构中杆件类型较多，每种杆件对固有频率的影响不尽相同，本节着重讨论具有不同结构参数的杆件对固有频率的影响规律。改变有限元模型的结构参数见表 5-6。改变某一参数的值进行计算时，其他参数保持不变，材料选择铝合金 2A12，仍计算支撑机构的前 10 阶频率，得到图 5-11 至图 5-16。

表 5-6 结构的不同参数值

	中心杆/mm	弦杆/mm	斜腹杆/mm	竖杆/mm	拉索直径/mm	拉索预紧力/N
基准值	ϕ12	ϕ8	ϕ8	ϕ8	ϕ1	200
变化值	ϕ10	ϕ6	ϕ6	ϕ6	ϕ1	100
	ϕ12	ϕ8	ϕ8	ϕ8	ϕ2	200
	ϕ14	ϕ10	ϕ10	ϕ10	ϕ3	300
	ϕ16	ϕ12	ϕ12	ϕ12	ϕ4	400
	ϕ18	ϕ14	ϕ14	ϕ14	ϕ5	500

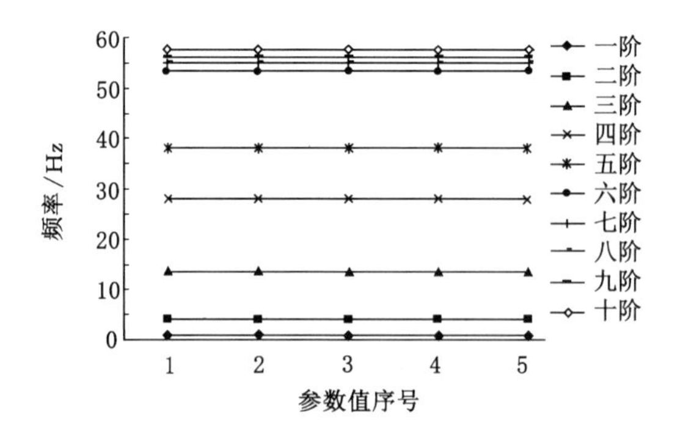

图 5-11 中心杆直径对频率的影响

从图 5-11 可以看出，当中心杆直径从 ϕ10 mm 增加到 ϕ18 mm 后，支撑机构的各阶固有频率变化不大，最大变化率仅为 0.65%。其原因是天线展开后，整

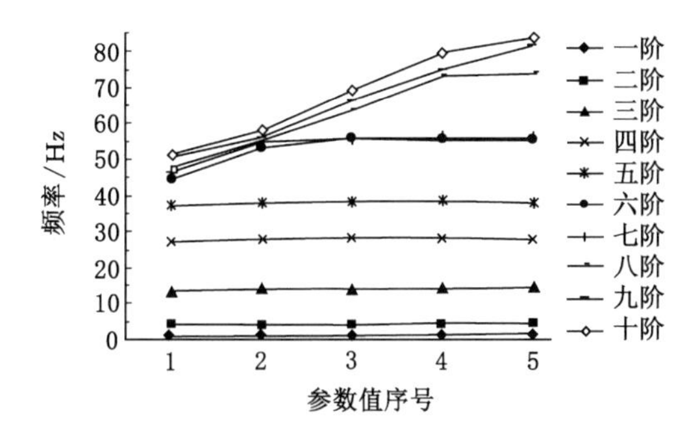

图 5-12　弦杆直径对频率的影响

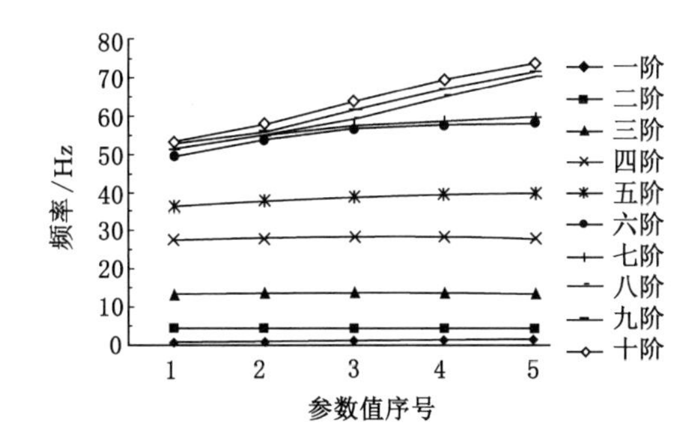

图 5-13　斜腹杆直径对频率的影响

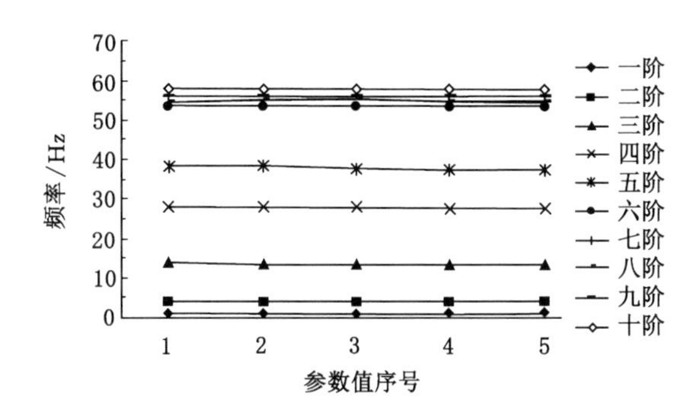

图 5-14　竖杆直径对频率的影响

个结构类似于一个悬臂梁，当弹性模量一定的时候，对刚度影响较大的是梁的截面惯性矩，而中心杆直径的增加对梁截面贡献很小，因此对结构的固有频率影响不大。

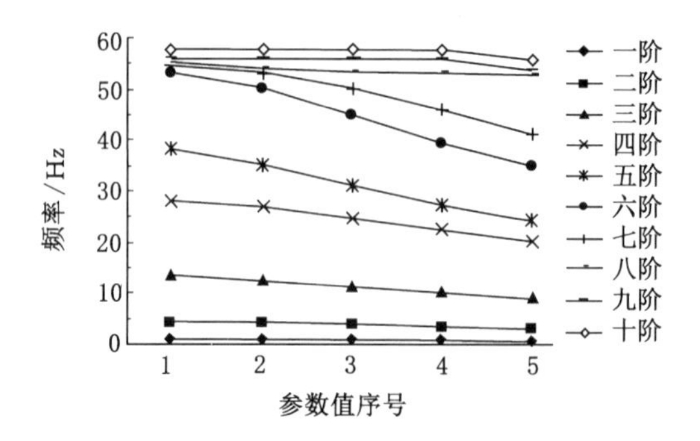

图 5-15　拉索直径对频率的影响

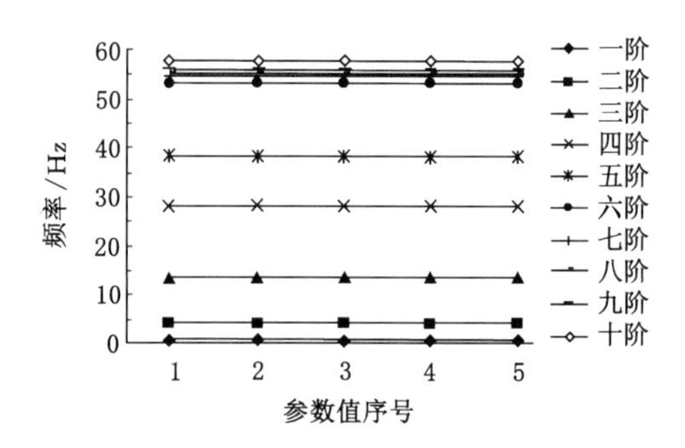

图 5-16　拉索预紧力对频率的影响

从图 5-12 可以看出，随着弦杆直径的增大，支撑机构的固有频率逐渐提高，固有频率增大范围为 2.54%～120.13%，可见，弦杆直径与固有频率正相关，其原因与上述分析类似，增大弦杆的直径相当于增大了梁的截面惯性矩，因此固有频率随之增大。

由图 5-13 可知，斜腹杆直径与固有频率正相关，这是因为斜腹杆与弦杆对梁截面的贡献相似，因此，两者对固有频率的影响规律相同。

同理，图 5-14 所示的竖杆对固有频率的影响规律与中心杆类似，竖杆截面的变化对梁截面的贡献很小，因此，固有频率变化不大。

由图 5-15 可知，支撑机构的固有频率与拉索直径负相关，固有频率的变化范围为－2.89%～－36.28%，其原因可能是天线完全展开后，锁紧机构将支撑机构锁死，整个支撑机构变成一个相对稳定的结构，增大拉索直径相当于对支撑机构的质量矩阵产生了影响，而刚度矩阵变化不大，因此固有频率逐渐降低。

同样，由图 5-16 可知当天线锁定为一个结构时，拉索预紧力对刚度矩阵的贡献是很小的，因此，拉索预紧力对固有频率无明显影响，但它对结构的强度有较大影响，进行结构设计时，应着重从强度角度分析预紧力的大小。

由此可见，弦杆、斜腹杆和拉索直径对结构的固有频率影响较大，适当增大弦杆和斜腹杆的直径，减小拉索的直径可提高支撑机构的一阶固有频率。

5.5　本章小结

本章对模块化可展开天线支撑机构的动力学特性进行了分析。基于等尺寸模块的空间几何模型，得到了所有关键点的空间坐标，在此基础上，建立了支撑机构的有限元模型，运用子空间法对其进行了模态分析，分析表明支撑机构结构具有低频、密频的大挠性特点。对支撑机构进行了谐响应分析，研究了在正弦载荷作用下支撑机构的振动情况，结论表明，当外界正弦载荷的频率接近或者达到支撑机构的固有频率时，支撑机构振动明显加剧。最后，研究了中心杆、弦杆、斜腹杆、竖杆和拉索等参数对支撑机构固有频率的影响，从而给出了提高一阶模态的方法，该分析方法为模块化可展开天线支撑机构的结构优化设计提供了理论参考。

参考文献

[1] 马小飞，杨军刚，胡建峰，等.大型椭圆环形可展开天线展开过程动力学数值仿真[J].中国科学：物理学 力学 天文学，2019，49(2)：024516.

[2] LI P, LIU C, TIAN Q, et al. Dynamics of a deployable mesh reflector of satellite antenna: form-finding and modal analysis[J]. Journal of computational and nonlinear dynamics，2016，11(4)：041017.

[3] 张静.铰链及含铰折展桁架非线性动力学建模与分析[D].哈尔滨：哈尔滨工业大学，2014.

[4] 陈烈民.航天器结构与机构[M].北京：中国科学技术出版社，2005.

[5] 商跃进.有限元原理与 ANSYS 应用指南[M].北京：清华大学出版社，2006.

[6] MITSUGI J, ANDO K, SENBOKUYA Y, et al. Deployment analysis of large space antenna using flexible multibody dynamics simulation[J].Acta astronautica，2000，47(1)：19-26.

[7] 齐晓志.环形桁架式可展开天线机构设计及展开动力学研究[D].哈尔滨：哈尔滨工业大学，2016.

[8] 郭宏伟，王建东，刘荣强，等.固面天线可展开机构设计及动力学分析[J].哈

尔滨工业大学学报,2019,51(7):1-8.
[9] GUO H W, SHI C, LI M, et al. Design and dynamic equivalent modeling of double-layer hoop deployable antenna[J]. International journal of aerospace engineering,2018(4):1-15.

第 6 章　模块化可展开天线支撑机构优化与结构设计

6.1　引言

随着航天科技的快速发展，可展开天线的口径越来越大，由于发射成本及火箭运载能力的限制，天线的质量是一个严格的约束条件[1]。尽管采用了许多新材料、新工艺，但在减轻质量的同时，结构的柔性也越来越大，而较大的柔性会直接影响天线的形面精度，导致天线的工作效率降低。可见，质量与刚度之间存在着矛盾，但它们又是衡量可展开天线结构性能的两个重要参数。为寻求质量与刚度之间的最优匹配值，在进行支撑机构结构设计时需要对这两个参数进行优化。

模块化可展开天线支撑机构是一个刚柔耦合的复杂系统，具有尺寸大、刚度低等特点，其结构优化设计问题是一个复杂的优化问题，很难直接建立设计变量与刚度和质量之间的解析表达式，这给优化设计带来了很大的难度。因此建立设计变量与目标函数的映射关系是进行优化的前提和基础。

本章基于 BP 神经网络和遗传算法对模块化可展开天线结构进行优化。运用 ANSYS 软件对支撑机构的结构参数进行数值模拟，得到与设计变量对应的目标函数值，通过正交试验设计，构建用于神经网络训练和检验的样本集，按照 BP 算法的基本思想，调整网络模型的参数，建立用于优化的预测模型。将优化的目标函数进行构造处理，采用遗传算法对预测模型进行优化，确定支撑机构各杆件的设计参数。在优化的基础上，对驱动机构及模块结构的方案进行设计。

6.2　结构设计参数的优化数学模型

优化问题通常是指追求最优目标的数学问题，优化问题的数学模型包含设计变量、约束条件及目标函数三个要素。按其有无约束条件可分为无约束优化问题和有约束优化问题，按约束函数和目标函数是否同时为线性函数可分为线性规划问题和非线性规化问题，支撑机构结构设计参数的优化问题属于具有不等式约束的非线性规化问题。

本书选取结构的一阶固有频率 f_1 最大及结构的质量 m 最小作为目标函数；选取弦杆直径 x_1、斜腹杆直径 x_2、拉索直径 x_3、中心杆直径 x_4 和竖杆直径 x_5 5 个设计参数作为设计变量；将各设计变量在变化范围内的取值作为约束条件。那么，支撑机构结构设计参数的优化又是一个多目标优化问题，其目标函数的数学表达式为：

$$\max(f_1(x_1,x_2,x_3,x_4,x_5))$$
$$\min(m(x_1,x_2,x_3,x_4,x_5))$$
$$\text{s.t.}\begin{cases}6\ \text{mm}\leqslant x_1\leqslant 14\ \text{mm}\\6\ \text{mm}\leqslant x_2\leqslant 14\ \text{mm}\\1\ \text{mm}\leqslant x_3\leqslant 5\ \text{mm}\\10\ \text{mm}\leqslant x_4\leqslant 18\ \text{mm}\\6\ \text{mm}\leqslant x_5\leqslant 14\ \text{mm}\end{cases}\tag{6-1}$$

6.3 结构优化参数预测模型

6.3.1 BP 神经网络的基本原理

神经网络具有很强的通过学习来映射事物之间关系的能力，是非线性系统建模与应用的一个重要方法。其中，BP 神经网络是目前应用最为广泛的一种神经网络结构。BP 神经网络通常由输入层、隐层和输出层组成。网络的学习过程主要包括信号的正向传播和误差的反向传播[2-4]。

含有一个隐层的三层神经网络具有较小的网络规模且通常能够准确地按精度要求逼近给定的函数。

其训练过程如下[5]：

设一组输入信号为 $x_1,x_2,\cdots,x_i,\cdots,x_m$；隐层输出信号为 $y_1,y_2,\cdots,y_i,\cdots,y_n$；输出层信号为 $z_1,z_2,\cdots,z_k,\cdots,z_p$；期望输出为 $Z_1,Z_2,\cdots,Z_k,\cdots,Z_p$；输入层到隐层之间的权值为 v_{ij}，隐层到输出层之间的权值为 w_{jk}，隐层神经元的阈值为 α_i，输出层神经元的阈值为 β_k，其中，$i=1,2,\cdots,m$；$j=1,2,\cdots,n$；$k=1,2,\cdots,p$。

首先给各层的权值、阈值赋予一个较小的随机值。

当样本进入到输入层，经过信号的正向传递，得到隐层和输出层的信号分别为：

$$y_j = f(\sum_{i=1}^{m} v_{ij} x_i + \alpha_j) \tag{6-2}$$

$$Z_k = f(\sum_{j=1}^{n} w_{jk} y_j + \beta_k) \tag{6-3}$$

式中　$f(\cdot)$——传递函数，常用的有 Sigmoid 和对数 Sigmoid 等函数。

当输出层信号与期望输出不等时，输出误差为：

$$E = \frac{1}{2}\sum_{k=1}^{p}(Z_k - z_k)^2 \tag{6-4}$$

将式(6-4)逐层展开：

$$\begin{aligned} E &= \frac{1}{2}\sum_{k=1}^{p}\left(Z_k - f\left(\sum_{j=1}^{n} w_{jk} y_j + \beta_k\right)\right)^2 \\ &= \frac{1}{2}\sum_{k=1}^{p}\left(Z_k - f\left(\sum_{j=1}^{n} w_{jk} f\left(\sum_{i=1}^{m} v_{ij} x_i + \alpha_j\right) + \beta_k\right)\right)^2 \end{aligned} \tag{6-5}$$

由式(6-5)可见，网络的输出误差是一个包含权值和阈值的函数，通过调整网络的权值和阈值可以减小输出误差，使误差沿梯度方向下降，经过反复学习训练，当达到误差要求时，训练过程结束。

6.3.2　网络模型的建立

神经网络的输入层节点数和输出层节点数分别由输入参数和输出参数的个数决定。本书有弦杆直径、斜腹杆直径、拉索直径、中心杆直径和竖杆直径 5 个设计变量，将它们作为神经网络的输入，故输入层节点数为 5。将结构的一阶固有频率及质量 2 个目标函数作为网络的输出，故输出层节点数为 2。隐层节点数暂时无法确定，需要对网络模型进行训练才能得到，采用 3 层神经网络来构建预测模型，如图 6-1 所示。

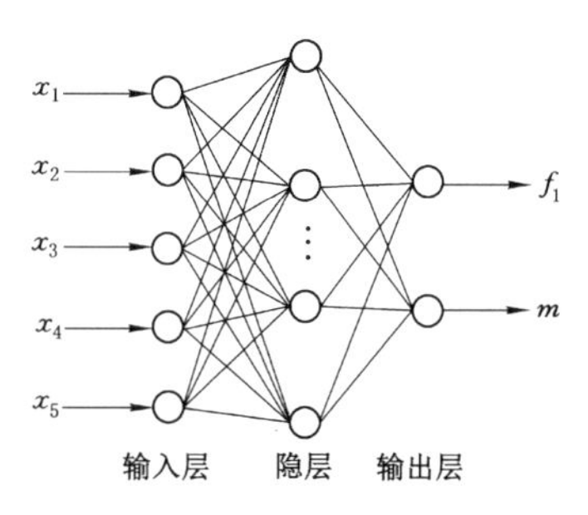

图 6-1　神经网络预测模型

6.3.3　训练样本的确定

训练数据的准备工作是神经网络设计与训练的基础，数据选择的科学性、合理性以及数据表示的合理性对于神经网络设计具有极为重要的影响[4]。本书中5个因素各有9个水平，若进行全面试验，需要做 $9^5=59\ 049$ 次，显然工作量是很庞大的，且需要花费大量的时间。

为了保证训练样本能够具有一定的遍历性、致密性和容错性，本书采用正交试验设计的方法，它能有效处理这种多因素多水平试验，此方法是利用正交表科学地安排与分析多因素试验的方法，能够大幅度减少试验次数而且不会降低试验可行度。

正交表[6]具有“均匀分散，整齐可比”的突出优点，本书的试验因素和水平值见表 6-1。

表 6-1　试验因素和水平

水平值	试验因素				
	x_1/mm	x_2/mm	x_3/mm	x_4/mm	x_5/mm
1	6	6	1	10	6
2	7	7	1.5	11	7
3	8	8	2	12	8
4	9	9	2.5	13	9
5	10	10	3	14	10
6	11	11	3.5	15	11
7	12	12	4	16	12
8	13	13	4.5	17	13
9	14	14	5	18	14

根据试验的因素数和水平数，构造了一个 $L_{81}(9^5)$ 正交表安排试验方案，共得到81组样本，见表 6-2。

表 6-2　正交试验设计

试验序号	列号					试验序号	列号				
	1	2	3	4	5		1	2	3	4	5
	x_1/mm	x_2/mm	x_3/mm	x_4/mm	x_5/mm		x_1/mm	x_2/mm	x_3/mm	x_4/mm	x_5/mm
1	1(6)	1(6)	1(1)	1(10)	1(6)	6	1(6)	6(11)	6(3.5)	6(15)	6(11)
2	1(6)	2(7)	2(1.5)	2(11)	2(7)	7	1(6)	7(12)	7(4)	7(16)	7(12)
3	1(6)	3(8)	3(2)	3(12)	3(8)	8	1(6)	8(13)	8(4.5)	8(17)	8(13)
4	1(6)	4(9)	4(2.5)	4(13)	4(9)	9	1(6)	9(14)	9(5)	9(18)	9(14)
5	1(6)	5(10)	5(3)	5(14)	5(10)	10	2(7)	1(6)	2(1.5)	9(18)	3(8)

表 6-2(续)

试验序号	列号					试验序号	列号				
	1	2	3	4	5		1	2	3	4	5
	x_1/mm	x_2/mm	x_3/mm	x_4/mm	x_5/mm		x_1/mm	x_2/mm	x_3/mm	x_4/mm	x_5/mm
11	2(7)	2(7)	3(2)	1(10)	4(9)	40	5(10)	4(9)	8(4.5)	9(18)	3(8)
12	2(7)	3(8)	4(2.5)	2(11)	5(10)	41	5(10)	5(10)	9(5)	1(10)	4(9)
13	2(7)	4(9)	5(3)	3(12)	6(11)	42	5(10)	6(11)	1(1)	2(11)	5(10)
14	2(7)	5(10)	6(3.5)	4(13)	7(12)	43	5(10)	7(12)	2(1.5)	3(12)	6(11)
15	2(7)	6(11)	7(4)	5(14)	8(13)	44	5(10)	8(13)	3(2)	4(13)	7(12)
16	2(7)	7(12)	8(4.5)	6(15)	9(14)	45	5(10)	9(14)	4(2.5)	5(14)	8(13)
17	2(7)	8(13)	9(5)	7(16)	1(6)	46	6(11)	1(6)	6(3.5)	5(14)	2(7)
18	2(7)	9(14)	1(1)	8(17)	2(7)	47	6(11)	2(7)	7(4)	6(15)	3(8)
19	3(8)	1(6)	3(2)	8(17)	5(10)	48	6(11)	3(8)	8(4.5)	7(16)	4(9)
20	3(8)	2(7)	4(2.5)	9(18)	6(11)	49	6(11)	4(9)	9(5)	8(17)	5(10)
21	3(8)	3(8)	5(3)	1(10)	7(12)	50	6(11)	5(10)	1(1)	9(18)	6(11)
22	3(8)	4(9)	6(3.5)	2(11)	8(13)	51	6(11)	6(11)	2(1.5)	1(10)	7(12)
23	3(8)	5(10)	7(4)	3(12)	9(14)	52	6(11)	7(12)	3(2)	2(11)	8(13)
24	3(8)	6(11)	8(4.5)	4(13)	1(6)	53	6(11)	8(13)	4(2.5)	3(12)	9(14)
25	3(8)	7(12)	9(5)	5(14)	2(7)	54	6(11)	9(14)	5(3)	4(13)	1(6)
26	3(8)	8(13)	1(1)	6(15)	3(8)	55	7(12)	1(6)	7(4)	4(13)	4(9)
27	3(8)	9(14)	2(1.5)	7(16)	4(9)	56	7(12)	2(7)	8(4.5)	5(14)	5(10)
28	4(9)	1(6)	4(2.5)	7(16)	7(12)	57	7(12)	3(8)	9(5)	6(15)	6(11)
29	4(9)	2(7)	5(3)	8(17)	8(13)	58	7(12)	4(9)	1(1)	7(16)	7(12)
30	4(9)	3(8)	6(3.5)	9(18)	9(14)	59	7(12)	5(10)	2(1.5)	8(17)	8(13)
31	4(9)	4(9)	7(4)	1(10)	1(6)	60	7(12)	6(11)	3(2)	9(18)	9(14)
32	4(9)	5(10)	8(4.5)	2(11)	2(7)	61	7(12)	7(12)	4(2.5)	1(10)	1(6)
33	4(9)	6(11)	9(5)	3(12)	3(8)	62	7(12)	8(13)	5(3)	2(11)	2(7)
34	4(9)	7(12)	1(1)	4(13)	4(9)	63	7(12)	9(14)	6(3.5)	3(12)	3(8)
35	4(9)	8(13)	2(1.5)	5(14)	5(10)	64	8(13)	1(6)	8(4.5)	3(12)	6(11)
36	4(9)	9(14)	3(2)	6(15)	6(11)	65	8(13)	2(7)	9(5)	4(13)	7(12)
37	5(10)	1(6)	5(3)	6(15)	9(14)	66	8(13)	3(8)	1(1)	5(14)	8(13)
38	5(10)	2(7)	6(3.5)	7(16)	1(6)	67	8(13)	4(9)	2(1.5)	6(15)	9(14)
39	5(10)	3(8)	7(4)	8(17)	2(7)	68	8(13)	5(10)	3(2)	7(16)	1(6)

表 6-2(续)

试验序号	列号					试验序号	列号				
	1	2	3	4	5		1	2	3	4	5
	x_1/mm	x_2/mm	x_3/mm	x_4/mm	x_5/mm		x_1/mm	x_2/mm	x_3/mm	x_4/mm	x_5/mm
69	8(13)	6(11)	4(2.5)	8(17)	2(7)	76	9(14)	4(9)	3(2)	5(14)	2(7)
70	8(13)	7(12)	5(3)	9(18)	3(8)	77	9(14)	5(10)	4(2.5)	6(15)	3(8)
71	8(13)	8(13)	6(3.5)	1(10)	4(9)	78	9(14)	6(11)	5(3)	7(16)	4(9)
72	8(13)	9(14)	7(4)	2(11)	5(10)	79	9(14)	7(12)	6(3.5)	8(17)	5(10)
73	9(14)	1(6)	9(5)	2(11)	8(13)	80	9(14)	8(13)	7(4)	9(18)	6(11)
74	9(14)	2(7)	1(1)	3(12)	9(14)	81	9(14)	9(14)	8(4.5)	1(10)	7(12)
75	9(14)	3(8)	2(1.5)	4(13)	1(6)						

编写 ANSYS 软件的命令流程序，分别计算每组试验方案下的一阶固有频率和质量，得到表 6-3 所示的计算结果。将这些输入输出参数作为神经网络的训练样本。

表 6-3 试验方案计算结果

试验序号	频率/Hz	质量/kg	试验序号	频率/Hz	质量/kg	试验序号	频率/Hz	质量/kg	试验序号	频率/Hz	质量/kg
1	0.556	4.302	15	0.686	9.630	29	0.725	8.016	43	1.087	7.959
2	0.575	4.863	16	0.710	10.883	30	0.711	9.039	44	1.108	8.636
3	0.600	5.539	17	0.746	11.967	31	0.719	9.808	45	1.127	9.427
4	0.628	6.331	18	1.133	6.703	32	0.717	11.062	46	0.886	9.217
5	0.659	7.238	19	0.681	6.086	33	0.721	12.430	47	0.849	10.355
6	0.691	8.261	20	0.670	6.878	34	1.052	7.166	48	0.819	11.608
7	0.723	9.399	21	0.669	7.702	35	1.088	7.728	49	0.797	12.976
8	0.973	10.652	22	0.672	8.724	36	1.121	8.404	50	1.107	7.712
9	1.055	12.020	23	0.680	9.862	37	0.810	8.248	51	1.119	8.191
10	0.612	5.178	24	0.704	10.830	38	0.795	8.985	52	1.125	8.867
11	0.642	5.771	25	0.720	12.199	39	0.771	10.123	53	1.133	9.659
12	0.678	6.563	26	1.074	6.935	40	0.755	11.376	54	1.160	10.281
13	0.724	7.470	27	1.122	7.496	41	0.749	12.662	55	0.943	10.586
14	0.779	8.493	28	0.746	7.109	42	1.066	7.398	56	0.901	11.839

表 6-3(续)

试验序号	频率/Hz	质量/kg	试验序号	频率/Hz	质量/kg	试验序号	频率/Hz	质量/kg	试验序号	频率/Hz	质量/kg
57	0.868	13.208	64	0.997	12.071	71	1.211	11.767	78	1.288	11.059
58	1.181	7.944	65	0.953	13.440	72	1.199	12.904	79	1.262	12.081
59	1.173	8.505	66	1.276	8.176	73	1.049	13.671	80	1.240	13.219
60	1.167	9.182	67	1.256	8.737	74	1.387	8.407	81	1.225	14.389
61	1.186	9.605	68	1.260	9.128	75	1.384	8.683			
62	1.180	10.513	69	1.239	9.920	76	1.350	9.360			
63	1.177	11.535	70	1.222	10.827	77	1.318	10.151			

BP 神经网络的训练要经过多次的反复学习，过程比较复杂，本书运用 MATLAB 软件进行求解，在软件中编写该预测模型的算法程序，设置网络的训练误差为 0.001，为保证建立的网络模型具有较好的预测精度，应在训练过程中着重注意网络的收敛性。影响 BP 神经网络收敛性的主要环节有最大训练步数、训练算法和隐层节点数等。

最大训练步数决定了训练空间的大小。当误差满足规定要求时，即使未达到最大步数也将停止训练，返回训练结果；反之，即使网络本身具有收敛性，但由于最大步数设置过小，训练在达到最大步数时也将被迫停止。因此通常应给定足够大的训练步数。

训练算法对网络的收敛速度有较大影响，通常的算法有标准 BP 算法、带动量的梯度下降算法、学习速率可变算法和 L-M(Levenberg-Marquardt)算法等。L-M 算法是建立在一种优化方法基础上的训练算法，与其他算法相比，L-M 算法优点在于网络权值数目较少时收敛非常迅速。因此本书采用这种算法来训练网络。

隐层节点数通常会对训练误差、训练时间和泛化能力等产生较大影响。隐层节点数过少时，学习的容量有限，网络难以描述样本中蕴含的复杂关系；而过多的隐层节点不仅增加了训练时间，还可能把样本中非规律性的内容存储起来，出现过拟合的现象。一般采取的方法是试错法，设置隐层节点数的变化范围为 10～200，步长为 5。

在对来自实际数据的样本进行预测时，样本具有很大的随机性和不均匀性，这就对 BP 网络提出了更高的要求。首先，在建立 BP 网络时应尽可能地选取更多的样本，力求样本中包含更多的事物内在的规律；其次，在确定训练算法和隐层节点数时，应尝试参数的不同组合，多次试算，最后建立相对满意的网络模型。

综上，经多次反复试算，当传递函数分别采用 Sigmoid 函数和线性函数，训练算法采用 L-M 算法，隐层节点数采用 115 个时构成的神经网络输出误差最小，此时网络的结构为 5-115-2。经过 6 次训练误差达到 0.000 15<0.001，满足要求，误差曲线如图 6-2 所示。

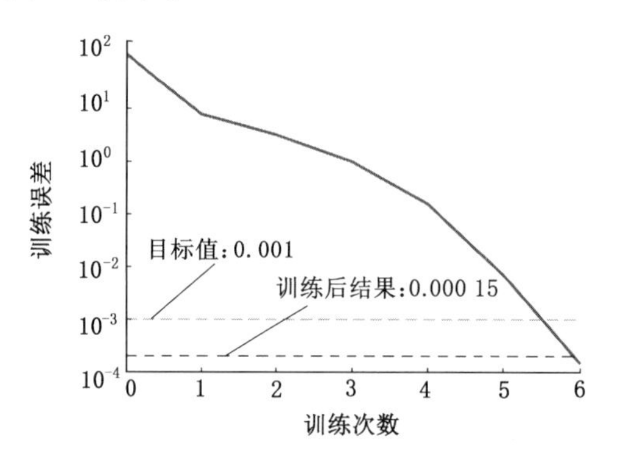

图 6-2　误差曲线

6.3.4　泛化能力检验

训练后的神经网络是否具有实际意义及应用价值，主要看其是否具有良好的泛化能力，即对训练样本以外的样本是否能够做出较准确的预测。

在输入变量的整个取值范围内将其随机组合，选取其中的 15 组作为检验样本，用检验样本对训练好的神经网络进行泛化能力测试，得到频率和质量的预测值，将二者分别与有限元数值模拟结果进行对比，见表 6-4 和如图 6-3 所示。

表 6-4　网络预测结果与有限元结果对比

试验序号	检验样本					一阶固有频率			质量		
	x_1 /mm	x_2 /mm	x_3 /mm	x_4 /mm	x_5 /mm	有限元结果/Hz	网络预测结果/Hz	相对误差/%	有限元结果/kg	网络预测结果/kg	相对误差/%
1	6	7	1	12	8	0.592	0.620	4.76	4.616	4.541	1.62
2	7	10	2	16	9	0.769	0.813	5.67	6.522	6.519	0.05
3	8	8	4.5	13	14	0.569	0.549	3.55	10.388	9.693	6.69
4	9	6	5	11	13	0.576	0.619	7.42	11.420	10.879	4.74
5	10	9	3	14	10	0.869	0.843	2.96	8.808	8.640	1.91
6	11	11	2.5	10	7	1.065	0.985	7.53	8.955	9.565	6.81
7	12	13	1.5	15	6	1.293	1.280	1.04	8.961	8.855	1.19

表 6-4(续)

试验序号	检验样本					一阶固有频率			质量		
	x_1 /mm	x_2 /mm	x_3 /mm	x_4 /mm	x_5 /mm	有限元结果/Hz	网络预测结果/Hz	相对误差/%	有限元结果/kg	网络预测结果/kg	相对误差/%
8	13	14	3.5	17	11	1.242	1.294	4.20	12.127	11.833	2.42
9	14	12	2	14	9	1.394	1.410	1.13	10.119	9.855	2.61
10	7	13	2.5	12	8	0.951	0.943	0.80	7.668	8.236	7.41
11	8	9	1.5	14	10	0.802	0.844	5.26	6.350	6.172	2.81
12	9	10	1	11	12	0.940	0.977	3.92	6.779	7.161	5.64
13	10	11	3	12	13	0.934	0.898	3.88	9.348	9.243	1.13
14	11	12	4	13	8	0.975	0.938	3.80	11.495	11.549	0.47
15	12	10	2	16	12	1.146	1.196	4.37	8.868	8.492	4.24

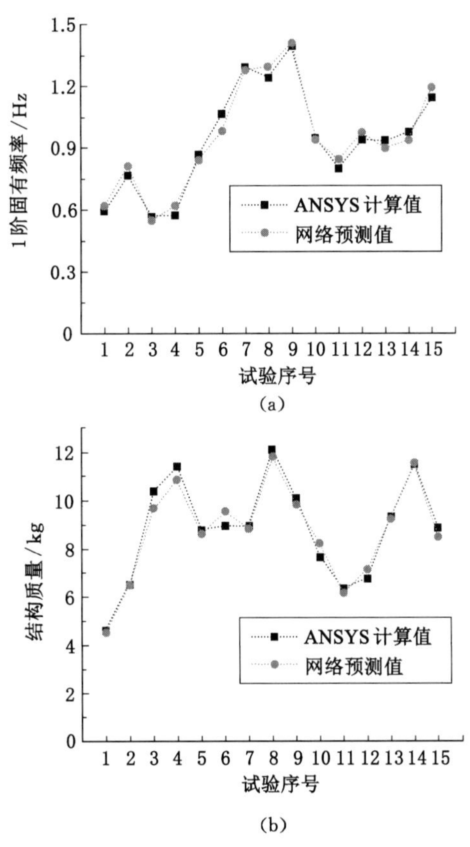

图 6-3　神经网络的泛化能力

(a) 一阶固有频率泛化能力;(b) 结构质量泛化能力

由表6-4和图6-3可见，在对一阶固有频率进行预测时，最大误差为对第6个样本预测时产生的，其误差为7.53%，而对整体样本预测的准确率达到95.98%；对质量进行预测时，最大误差为对第10个样本预测时产生的，其误差为7.41%，而对整体样本预测的准确率达到96.68%。可见，该预测模型能够较真实地反映设计变量与目标函数之间的映射关系。

在配置为Pentium(R)D CPU3.0 GHz，2 GB内存的计算机上进行运算，用ANSYS软件计算15组检验样本的时间约为1 050 s，而用本书提出的方法仅需1.26 s，可见BP神经网络模型的运行时间短、效率高。另外在后续的结构优化阶段，该网络模型还可以很方便地被MATLAB、Isight等软件进行调用。

6.4 基于遗传算法的结构参数优化

遗传算法是模拟遗传学原理和达尔文生物进化论中“优胜劣汰”规则而产生的一种新型全局优化算法。该算法的基本思想是，从一个潜在的满足最优化问题的种群开始进行搜索，种群中包含了若干个经过基因编码的个体，这些个体实际上是一个个染色体，通过复制、交叉或变异等遗传操作产生出新一代个体，按照“优胜劣汰、适者生存”的原理，个体逐渐的进行进化，并且表现出比前一代更强的适应环境的能力，最优的个体再经过解码得到问题近似的最优解[7]。

和传统最优化方法相比，遗传算法具有如下特点：

(1) 传统方法通常从一个点开始搜索，很容易陷入局部极值点。遗传算法则从一个种群开始搜索信息，具有较强的全局搜索能力和鲁棒性。

(2) 适应度函数是遗传算法进行寻优搜索的依据，因而不需要导数等其他信息来辅助。

(3) 遗传算法初始种群的产生具有随机性，是一种概率搜索技术，而非确定性规则。

6.4.1 结构参数的优化

对于相互之间存在矛盾的多目标优化问题，通常的做法是将各个分目标函数构造成一个评价函数，即用统一目标法将多目标优化问题转变成单目标优化问题。转化的方法主要有：理想点法、平方和加权法、极大极小法、分目标乘除法及线性加权和法等。分目标乘除法适用于在全部t个分目标函数中，有s个分目标函数希望其值越小越好，另外$(t-s)$个分目标函数希望其值越大越好，则统一目标函数为[8]：

$$F(x)=\frac{\sum_{j=1}^{s}\omega_j F_j(x)}{\sum_{j=s+1}^{t}\omega_j F(x)}\rightarrow \min \tag{6-6}$$

式中　ω_j——各分目标的加权系数。

分目标乘除法与本书优化的要求相同，因此采用这种方法进行优化，将结构质量作为分子，将一阶固有频率作为分母，两个分目标同等重要，即权重相同，那么：

$$F(x)=m/f_1 \tag{6-7}$$

当求得的 $F(x)$为最小值，其对应的结构质量和 1 阶固有频率即为最优解。

遗传算法对种群和个体进行编码的方式有二进制编码和浮点编码两种，二进制编码比浮点编码搜索能力强，但个体变异性较差，优化时需要进行编码和解码，求解过程比较烦琐，因此本书采用浮点编码形式。

适应度是遗传算法中衡量个体性能的重要指标，是驱动个体进化的动力。根据是适应度值的大小，可以对个体优胜劣汰，建立目标函数与适应度的映射关系即可对优化问题进行求解。本书为目标函数最小化问题，因此可以直接将待求解的目标函数转化为适应度函数。

用向量 $\boldsymbol{X}_i(t)=[x_{1i},x_{2i},x_{3i},x_{4i},x_{5i}]$($i=1,2,\cdots,n,t=0,1,2,\cdots$)表示第 t 代种群中的第 i 个个体，n 为种群规模；x_{1i}、x_{2i}、x_{3i}、x_{4i}和 x_{5i}分别表示第 t 代种群中的第 i 个个体的弦杆直径、斜腹杆直径、拉索直径、中心杆直径和竖杆直径，即每个个体由 5 个设计变量组成。其遗传算法计算流程如图 6-4 所示。

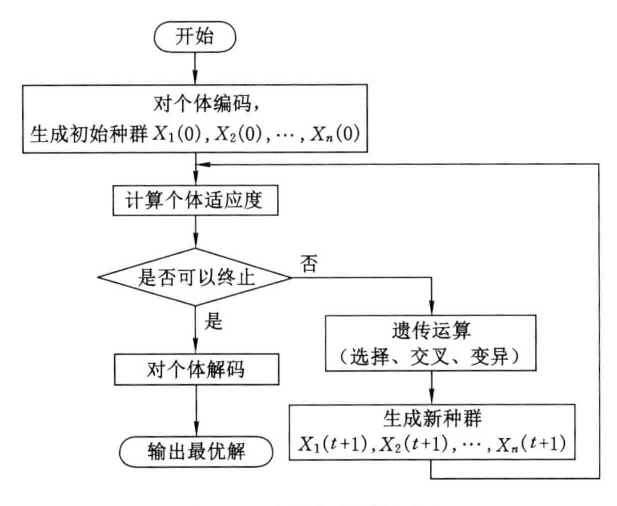

图 6-4　遗传算法计算流程

采用遗传算法工具箱中默认的参数来进行优化，取初始种群规模 $n=20$，交叉概率取 0.8，变异概率取 0.2，迭代次数为 100。

经过 54 次迭代，得到优化结果为：$x_1=13.546$ mm，$x_2=9.890$ mm，$x_3=1.053$ mm，$x_4=12.676$ mm，$x_5=6.003$ mm，$m/f_1=4.865$。适应度值在迭代过程中的变化曲线如图 6-5 所示。图中稳定后进化的最佳值为 4.865 1，平均值为 4.868 4。

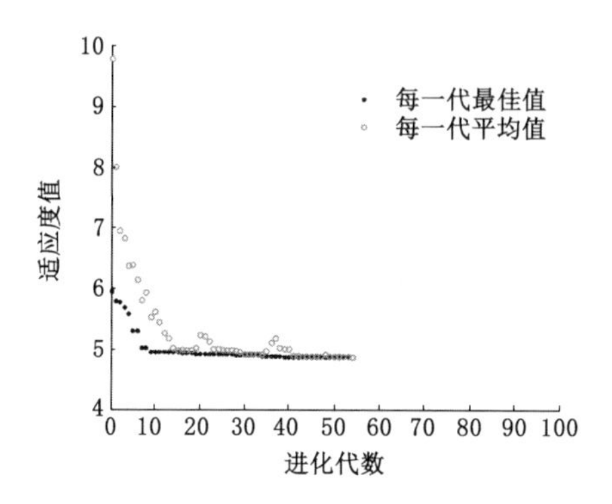

图 6-5　每一代适应度函数的最佳值与平均值

考虑到结构加工的工艺性、可生产性和经济性，对优化结果进行圆整，得到各杆件的尺寸为：$x_1=14$ mm，$x_2=10$ mm，$x_3=1$ mm，$x_4=12$ mm，$x_5=6$ mm。由此，可以得到一阶固有频率为 1.471 Hz，结构质量为 8.703 kg。

6.4.2　优化结果分析

从图 6-5 可以看出，在进化初期，当个体与最优值相差较大时，每一代的最佳值改进的较快。随着进化的进行，最佳值越来越接近最优值，最佳值改进的速度也越来越慢。

从优化的结果可以看出，弦杆和斜腹杆的直径接近其变化范围的上限，而拉索、中心杆和竖杆的直径接近其变化范围的下限。说明在进行优化时，弦杆和斜腹杆对结构刚度贡献较大，而其余三个参数的贡献较小，这样的优化结果保证了在提高刚度的同时也降低了结构的质量。在第 5 章对固有频率进行影响因素分析时也得到类似的结论，这也证明了优化结果是正确的。

6.5　天线支撑机构的结构方案设计

模块化可展开天线支撑机构的结构方案设计主要包括驱动机构方案设计和模块结构方案设计两个部分。

6.5.1　驱动机构方案设计

6.5.1.1　驱动方式的确定

驱动机构是可展开天线的重要组成部分，是实现天线自动展开的重要保证。按照驱动方式的不同，可展开天线可分为如下几种。

(1) 电机驱动

电机驱动是可展开天线中一种应用广泛的驱动形式，主要用于天线展开时需要较大的扭矩或者需要对展开速度进行控制的可展开天线中。电机驱动的优点是便于控制天线的展开速度，展开过程平稳，展开到位时的冲击较小。缺点是由于驱动机构的引入使得天线的收拢体积变大，结构较复杂。

(2) 弹簧驱动

在支撑机构的特定铰链处或结构的主动件处安装弹簧，保证弹簧在天线收拢状态下储存有一定的弹性势能，当天线解锁时，弹性势能转换成机械能，天线实现展开。弹簧驱动的优点是弹簧在结构中布置灵活，体积小，机构的可靠性高。缺点是展开到位后有冲击，平稳性不好。

(3) 流体驱动

流体驱动分为液压驱动和气压驱动两种，是可展开天线中一种比较新颖的驱动方式，液压驱动主要是利用液压缸和液压马达使液体的压力能转换为机械能，从而驱动天线展开；气压驱动主要应用在充气式可展开天线上，利用压缩气体的膨胀使天线展开。

(4) 智能材料驱动

指在结构的某些特定位置安装形状记忆合金等智能材料，通过材料的变形记忆任意给定的形状，当材料受热达到某一适当温度时，记忆合金就能恢复到变形前的形状。它具有变位迅速、方向自由的特点，但技术不够成熟。

(5) 混合动力驱动

单一使用某种驱动方式都不可避免地存在一定的缺点，将两种或者两种以上的方式联合起来可以有效地发挥每种方式的优点，同时又可以避免或减弱各自的缺点。这种方式以其他方式为基础，受其他方式的制约，但又相对独立于某一方式，因此驱动方式的结合方法是需要重点考虑的问题。

模块化可展开天线模块多，结构关系复杂，因此采用弹簧和电机相结合的混合动力驱动方式。以弹簧为动力源，将弹簧安装在每个模块的主动件上，以电机带动绳索来控制天线的展开速度，从而减小弹簧释能时对结构的冲击。

6.5.1.2　驱动弹簧设计

天线原理样机设计完成后要进行一系列的实验，以验证其展开性能。实验的环境通常包括有重力场和没有重力场两种情况。在有重力场的环境中，天线的展开最为不利,需要的驱动力最大,因此对驱动弹簧设计时应考虑这种最差的状态。

运用动力学软件 ADAMS 对单个模块的展开过程进行仿真分析,弹簧的驱动力可以通过滑块上的展开阻力求出,仿真模型的展开过程如图 6-6 所示。最后,得到在有重力场时驱动力的变化曲线,如图 6-7 所示。

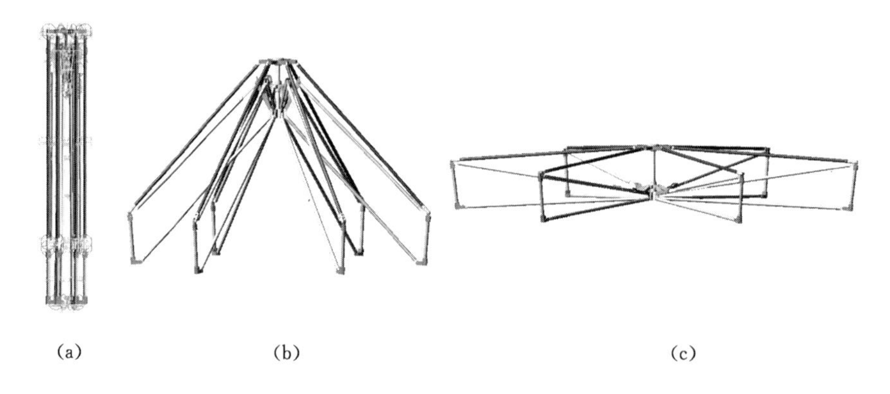

图 6-6 仿真模型的展开过程

(a) 收拢状态;(b) 半展开状态;(c) 展开状态

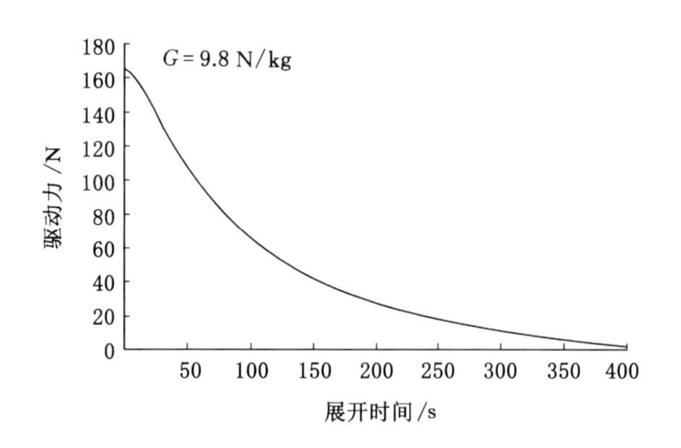

图 6-7 模块展开过程中驱动力变化曲线

圆柱螺旋压缩弹簧初始条件:最小工作载荷 $P_1=5$ N,最大工作载荷 $P_n=170$ N,工作行程 $h=48.7$ mm±1 mm,弹簧外径 $D_2\leqslant30$ mm。根据机械设计手册,对弹簧的各个参数进行计算并进行校核,分析表明:设计的弹簧满足驱动要求。最终,得到弹簧主要设计参数,见表 6-5。

表 6-5　弹簧主要设计参数

设计参数	极限载荷/N	最大工作载荷/N	最小工作载荷/N	工作行程/mm	节距/mm	外径/mm	弹簧丝直径/mm	自由高度/mm
参数值	212.5	170	5	48.7	6.96	22.5	2.5	105

6.5.1.3　绕线器设计

为减轻支撑机构的质量，本书使用一个电机来控制支撑机构的展开，因此整个支撑机构采用一个绕线器，如图 6-8 所示。

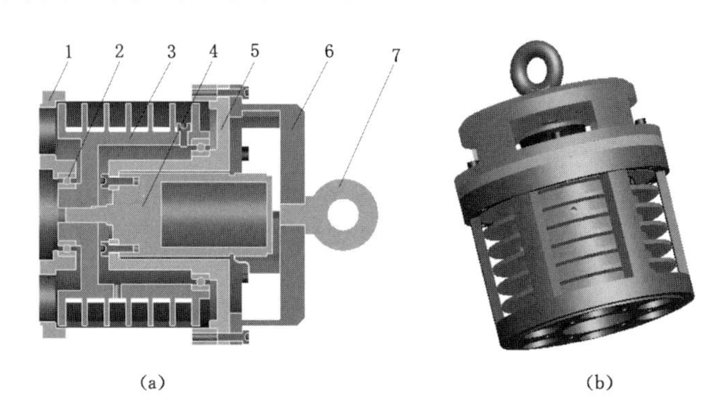

1—外壳；2—轴承；3—卷筒；4—电机；5—端盖；6—后盖；7—吊环

图 6-8　绕线器结构

(a) 绕线器原理图；(b) 绕线器三维实体模型

绕线器是控制支撑机构展开速度的关键机构，设计时应尽量减少机构中零件的数量，提高机构的可靠性，并使该机构体积小、质量轻。

本书设计的绕线器由外壳、卷筒、拉索、轴承、电机、后盖和吊环等部分组成。为减轻质量，外壳及后盖都设有减重孔，整个绕线器的质量为 1 kg。绕线器通过外壳安装在中心模块的下端，电机安装在卷筒内，卷筒用于缠绕拉索，卷筒上有 6 个螺纹孔，其在卷筒上成螺旋缠绕分布，螺纹孔用于固定 6 根拉索，6 根拉索的另一端分别与第 2 层的 6 个模块相连，电机工作时驱动卷筒缓慢释放拉索，直到天线完全展开。

6.5.2　模块结构方案设计

6.5.2.1　模块的展开原理

天线支撑机构的展开原理与伞的张开原理类似，支撑机构由六个呈辐射状发散的基本单元组成，基本单元是支撑机构的最小可展单元。模块的三维实体模型如图 6-9 所示。

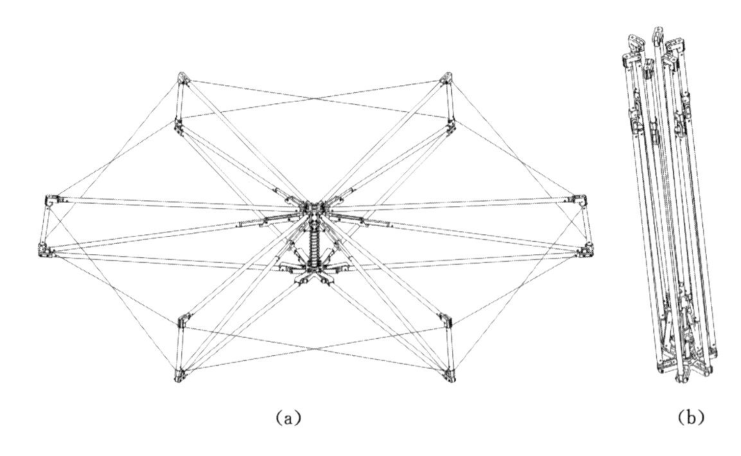

(a) (b)

图 6-9 模块的三维实体模型

(a) 展开状态;(b) 收拢状态

模块由收拢状态展开时,弹簧驱动位于中心杆下端的滑块向上移动,滑块通过小支撑杆带动小斜腹杆向上转动,从而驱动整个模块展开。模块的展开速度由电机通过释放绳索来控制,展开速度不宜过快以减少弹簧释放能量时对结构产生的冲击。板簧起到辅助驱动的作用,保证在模块展开初期下弦杆有一定的展开力。

在模块完全展开后,小斜腹杆与大斜腹杆的轴线重合,即两个杆在一条直线上,由于它们只承受轴向力(沿各自的轴线方向)而不承受弯矩,这样由斜腹杆-中心杆-下弦杆、斜腹杆-竖杆-上弦杆组成的两个封闭三角形实现结构的自锁,保证了展开后模块变成一个稳定的结构。

收纳率是可展开天线的一项技术指标,普遍的定义是可展开天线在展开状态与收拢状态轮廓体积之比。在模块化可展开天线中,收纳率可理解为模块在两种状态时外包络圆柱体的体积之比,即

$$\eta=\frac{\pi R_1^2 H_1}{\pi R_2^2 H_2} \tag{6-8}$$

式中 R_1,R_2——分别为展开和收拢状态外包络圆柱体的底面圆半径;

H_1,H_2——分别为展开和收拢状态外包络圆柱体的高。

本书设计的模块的 4 个参数分别为 $R_1=615.4$ mm;$R_2=54.9$ mm;$H_1=195.7$ mm;$H_2=714.1$ mm。由此可以得到模块的收纳率约为 34∶1。

6.5.2.2 模块连接节点设计

模块连接节点设计是结构设计的一个重点内容,节点设计的优劣不仅影响模块的连接强度,也影响模块的连接精度,设计应保证模块可以灵活地装配与拆卸,有较高的强度。同时,应减小连接的间隙,保证节点处的位置精度。并且节

点设计时还需避免局部应力集中或局部弯矩过大等不利因素的出现，应考虑加工制作的方便性等。

模块间通过竖杆进行连接，最多时有 3 根竖杆同时连在一起，分上、下两个节点来进行设计，如图 6-10 所示。

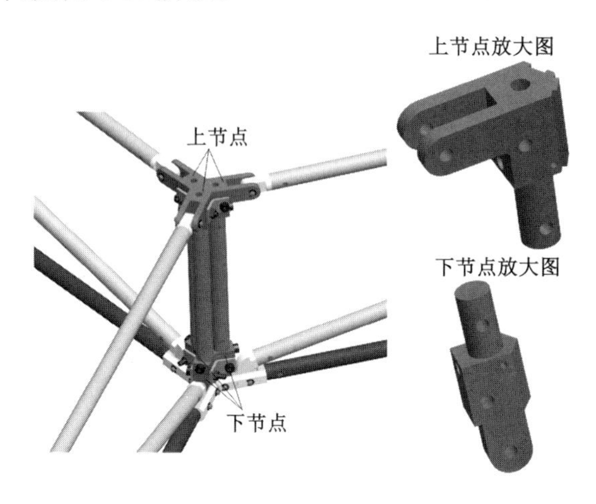

图 6-10　连接节点三维实体模型

由图 6-10 可见，上节点的背部连接处设有矩形的锯齿，当 3 个上节点互相连接时锯齿相互咬合，限制了节点在周向的移动，再用 3 个连接片在轴向固定，节点的自由度被全部约束住，节点的连接变得非常牢固。下节点的固定形式与上节点基本相同。由此，可以得到 7 个模块的三维模型，如图 6-11 所示。

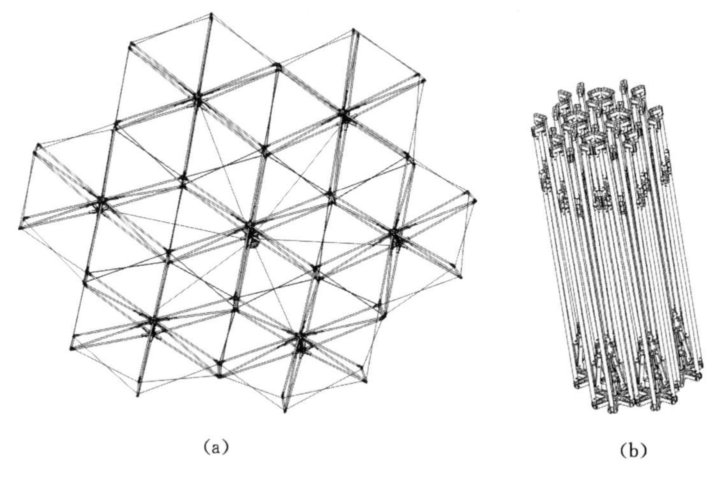

图 6-11　支撑机构的三维实体模型

(a) 展开状态；(b) 收拢状态

6.6 本章小结

本章以结构的一阶固有频率及质量作为目标函数，以弦杆直径、斜腹杆直径和拉索直径等5个参数作为设计变量建立了参数优化的数学模型，基于BP神经网络和遗传算法对多目标函数进行了优化，得到了支撑机构中杆件的设计参数。按照优化的结果对驱动弹簧、绕线器、模块进行了设计。通过对优化过程和结果的分析发现采用正交试验设计的方法确定训练样本，可以保证数据选取的合理性，并有效地减少试验次数；在实际工程应用中，采用训练好的BP神经网络对结构参数进行预测具有预测精度高、预测速度快、预测范围广等突出特点，同时MATLAB等软件提供了计算函数和友好的工具箱等便利的使用平台，使得BP神经网络具有很强的可操作性，大大方便了科研人员使用。

参考文献

[1] LIU R W, GUO H W, LIU R Q, et al. Shape accuracy optimization for cable-ribtension deployable antenna structure with tensioned cables[J]. Acta astronautica,2017,140:66-77.

[2] 彭熙伟，杨会菊.液压泵效率特性建模的神经网络方法[J].机械工程学报，2009,45(8):106-111.

[3] 康帅，俞建成，张进，等.基于粒子群优化神经网络的水下链式机器人直航阻力预报[J].机械工程学报，2019,55(21):29-39.

[4] 施彦，韩力群，廉小亲.神经网络设计方法与实例分析[M].北京：北京邮电大学出版社，2009.

[5] 郭亚娟.空调配管系统的减振研究与阻尼优化设计[D].上海：上海交通大学，2010.

[6] 李云雁，胡传荣.试验设计与数据处理[M].北京：化学工业出版社，2005.

[7] 薛定宇，陈阳泉.高等应用数学问题的MATLAB求解[M]. 北京：清华大学出版社，2004.

[8] 郭仁生.基于MATLAB和Pro/ENGINEER优化设计实例解析[M]. 北京：机械工业出版社，2007.

第 7 章　模块化可展开天线支撑机构试验研究

7.1　引言

天线的形面精度是衡量天线工作性能的一项重要指标，它与天线的工作频段有密切关系，会对天线的工作效率产生重要影响，而天线形面精度的高低主要由支撑机构的展开精度来保证，因此对支撑机构进行展开精度测量是十分必要的。第 5 章利用有限元方法对支撑机构展开状态下的动力学特性进行了分析，其中模态分析是整个动力学分析的基础，理论分析的正确性有待进一步验证，因此本章对设计的原理样机进行了上述两个方面的试验研究。

本章首先设计一套悬挂式零重力实验装置，对支撑机构进行展开功能验证。然后搭建一套数字摄影测量系统，对支撑机构的展开精度进行研究。采用电磁激振器及 LMS 数据采集系统，对支撑机构进行自由边界条件下的模态分析，将两项实验的结果与理论分析进行对比，验证理论分析的正确性。

7.2　天线支撑机构展开功能试验

7.2.1　微重力实验装置设计

可展开天线工作时处于失重状态，准确地讲是工作在一种微重力的空间环境中，但在地面进行展开试验时为有重力环境，并且这种重力环境对天线的展开精度、展开可靠性、展开驱动力矩等会产生较大的影响，因此需要研制相应的微重力环境模拟装置。

本书采用铝合金型材来搭建微重力实验装置，根据天线的设计尺寸，确定支撑框架的尺寸为 3 m×3 m×3 m，由于框架较高，为了保证框架能够起到稳定的支撑作用，将框架分为三层来进行安装。天线在展开的过程中体积逐渐变大，每个模块的质心也逐渐向外移动，为了更真实地模拟天线在展开过程中所处的空间环境，采用吊点滑动的方式在天线整个展开过程中对其进行重力卸载，卸载点选择在每个模块的中心，由于中心模块与零重力装置固接，因此共有 6 个卸载点，每个卸载点所挂配重的质量与单个模块的质量相同。微重力实验装置原理图如图 7-1 所示。

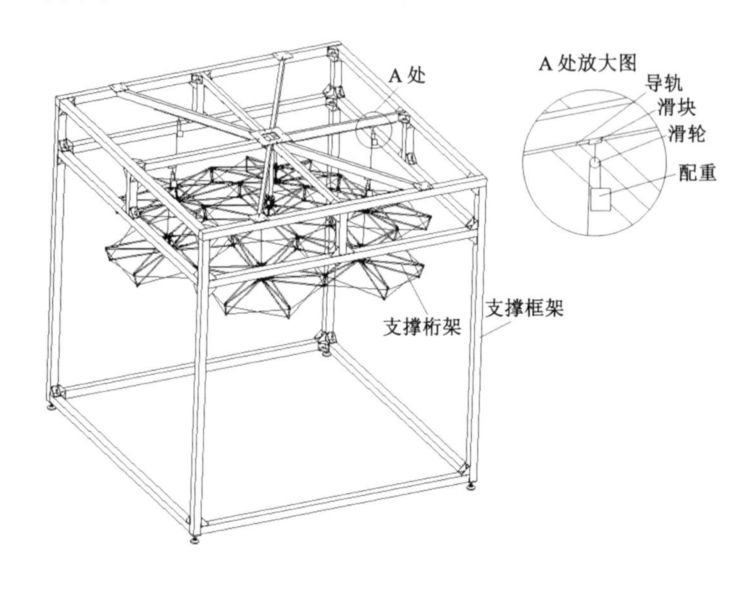

图 7-1　微重力实验装置原理图

支撑框架的顶部沿外围模块的展开方向装有导轨、滑块及滑轮，天线与配重连接的吊丝绕过滑轮，天线在收拢时所有配重密集在框架的中心，随着天线的展开，配重在天线的带动下沿着导轨的方向缓慢移动，达到了完全卸载的目的。

7.2.2　运动控制系统设计及展开功能验证

运动控制系统起到保证天线平稳展开的作用，其主要功能包括控制电机的转速和电机的正反转等。控制系统的软硬件平台有电机、上位机、控制箱、控制软件、驱动器、电源和相关数据线等，其中电机、驱动器及控制箱是整个系统的核心。

电机采用瑞士 Maxon 公司生产的盘式无刷带霍尔传感器的直流伺服电机，额定功率为 15 W，额定转速为 2 800 r/min，电机的长度和直径为 15.9 mm×32 mm，安装行星齿轮箱后的总长度为 61 mm。电机共有 8 个接口，分别为 3 个霍尔传感器接口、3 个电机绕组接口、2 个电源接口。该电机体积小巧、功率大、质量轻，并且电机性能稳定、使用寿命长、可靠性高，满足对支撑机构展开的使用要求。

驱动器采用美国 Copley Controls 公司生产的 ACK-055-06 型微模块式驱动器。该驱动器采用数字信号处理器作为核心处理芯片，具有运算速度快、控制灵活的特点。采用电流环对电机的运行速度进行实时控制，适用于无刷、有刷直流电机以及控制模式为位移、速度和力矩等。数据通信可以采用 CANopen、DeviceNet 和 RS232 等，驱动器的接口为两排 PCB 的针脚形式，各有 34 和 22 个针脚，用户可根据用途自行扩展相关的电路，因此该驱动器具有很大的开放性和灵活性。由于驱动器以针脚的形式作为接口，因此不方便与电机直接进行连接，对此设计了一个包含多个接口的转接板，其电路中包含驱动器接口、电源接口、上位机接口和电机接口等，接口电路示意图如图 7-2 所示。

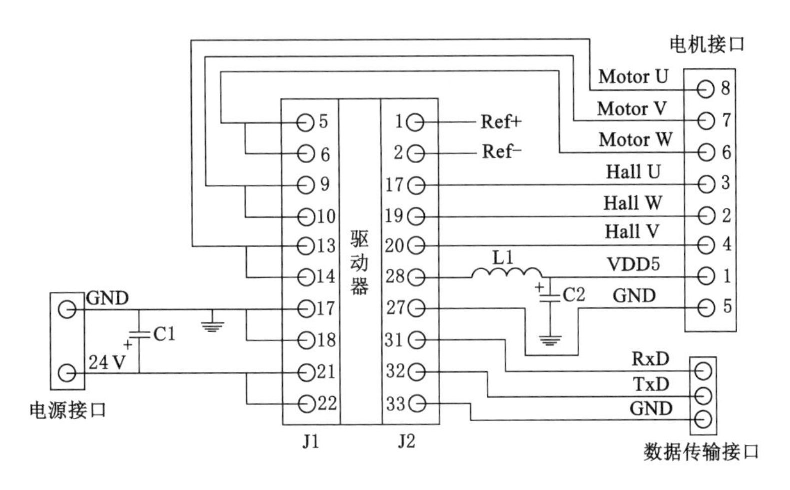

图 7-2　接口电路示意图

系统自带的控制软件为 CME2。在此基础上，将驱动器、转接板、电源等进行集成，制作了一个天线展开运动控制箱，由此搭建了一套运动控制系统，如图 7-3 所示。

图 7-3　运动控制系统

在上位机中设计电机的各项参数，对电机进行速度环调节。调节完毕后，对支撑机构进行解锁，输入电机的转速，支撑机构在微重力实验装置的吊挂下慢慢展开，其展开过程如图 7-4 所示。

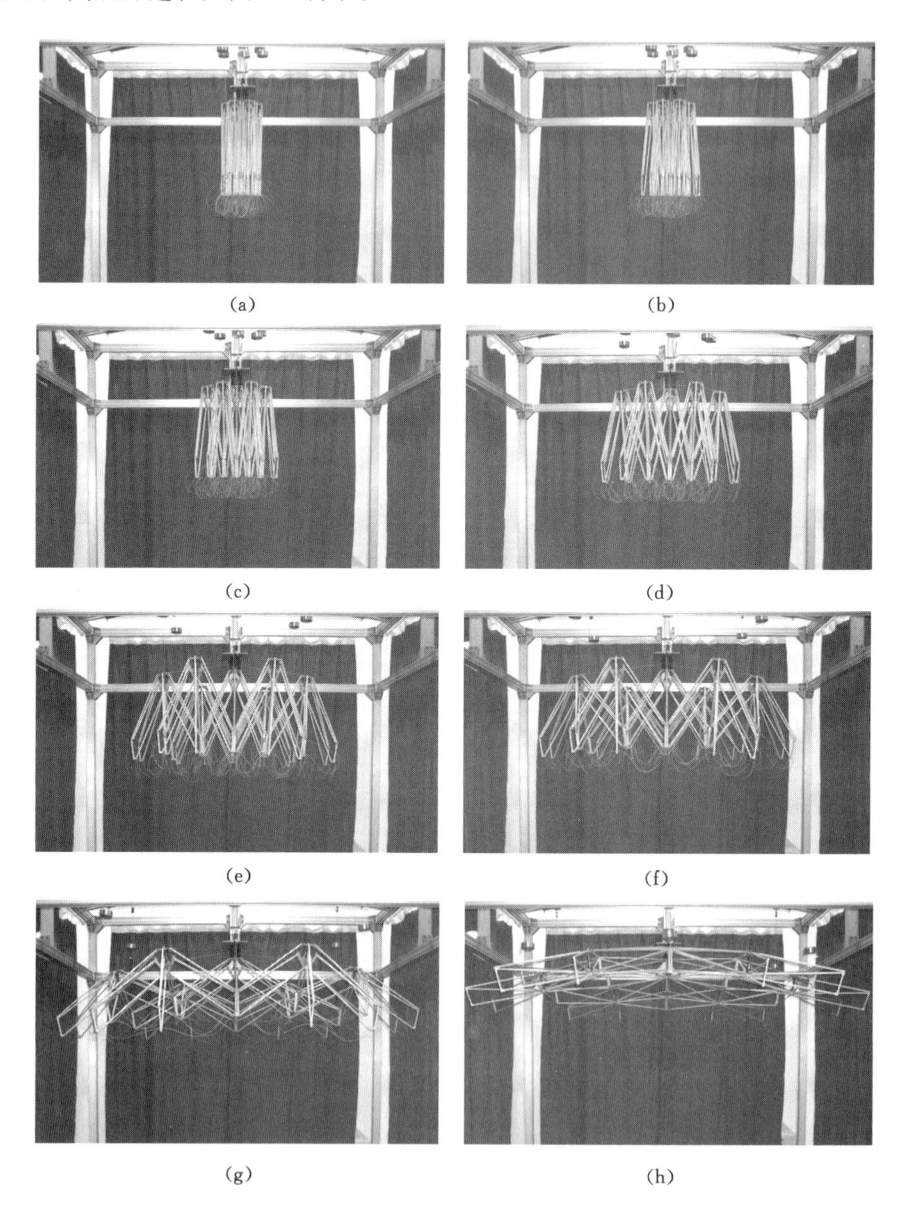

(a) (b) (c) (d) (e) (f) (g) (h)

图 7-4　支撑机构的展开过程

7.3　天线支撑机构展开精度试验

7.3.1　测量系统及测量原理

为了尽可能提高测量的准确性，测量系统应满足以下几点基本要求[1-3]：① 测量的方式应为非接触测量，保证支撑机构在最自然的状态下被测量；② 系统应具有较高的测量精度，以减小外界因素对关键点误差的影响；③ 测量范围尽可能大，以较少的次数测量整个支撑机构的外包络空间；④ 测量系统应具有灵活、机动的特点，不受或少受场地的影响。

目前，能够进行三坐标测量的系统主要有三坐标测量仪、全站仪、数字跟踪仪、关节臂和摄影测量系统等。就本书的测量要求而言，三坐标测量仪要求被测物体必须固定在测试平台上，而本书中支撑机构处于悬挂状态，不满足灵活性测量要求。全站仪和关节臂每次只能进行单点测量，对于支撑机构上较多的关键点而言，测量工作量较大，测试过程较复杂。数字跟踪仪测量时需要在被测物体上安放反射器，不满足非接触测量的要求。摄影测量是指将拍摄得到的影像，经过分析处理以获得被测物体轮廓尺寸信息的测量方法。摄影测量系统利用交会测量原理，通过单台或多台相机在不同的角度对被测物体进行非接触测量，经过数字图像处理来得到准确的被测物体的空间坐标。由此可见，摄影测量系统能满足测量要求。

使用美国 GSI 公司生产的 V-STARS（Video-Simultaneous Triangulation and Resection System）摄影测量系统[4-6]，该系统是一种工业级摄影测量产品，已在汽车、飞机、船舶等领域广泛使用。突出的优点是测量精度高、携带方便、使用灵活、受环境的影响小。V-STARS 系统又分为智能单相机系统 V-STARS/S、经济型单相机系统 V-STARS/E 和智能多相机系统 V-STARS/M。

使用的具体型号为智能单相机系统 V-STARS/S8，该系统主要包括 1 台智能数码相机 INCA3、1 台包含图像处理软件的笔记本电脑、1 根定向棒、1 套基准尺和 1 组标志点等。系统的核心部分是 INCA3 相机，该相机采用高分辨率的 CCD 传感器，内置单片机可以实时地进行图像的无损压缩、标志点识别等工作，机身外壳坚硬厚重可满足工业现场的使用要求。相机主要技术参数见表 7-1。

表 7-1 相机主要技术参数

指标	参数
处理器	Intel 500 MHz Pentium Ⅱ CPU
分辨率	800 万像素
传感器尺寸	35 mm×23 mm
视角	77°×56°
焦距	21 mm
像素大小	10 μm
图像压缩比	>10∶1
内存	512 MB

摄影测量的基本原理[7-9]是首先建立测量所需的像平面坐标系、摄影测量坐标系等多个坐标系;然后,使用相机距离被测物体一定的距离从多个角度对被测物体进行拍照,以得到一定数量的不同视角下的影像,如图 7-5 所示;最后根据物点、投影中心和像点三点共线的关系,建立构像方程式,从方程式中得到物点精确的空间坐标。

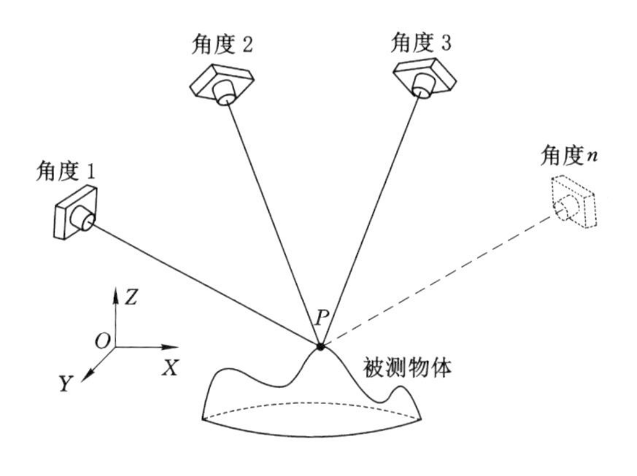

图 7-5 摄影测量原理图

7.3.2 展开精度试验

支撑机构上表面为与金属反射网相连接的表面,上表面的精度会在宏观上对天线形面精度产生直接的影响,若上表面误差较大,则很难保证天线工作时所需的形面精度,因此保证上表面关键点的准确性显得尤为重要。

支撑机构展开精度试验主要从三个阶段来进行,分别是测量前期准备、测量过程、数据处理与分析。

测量前期准备工作主要包括标志点、编码点的粘贴,定向棒、基准尺位置的选取与固定等内容。为便于测量与分析，以模块为单位，按照逆时针方向对关键点进行编号，如图 7-6 所示。

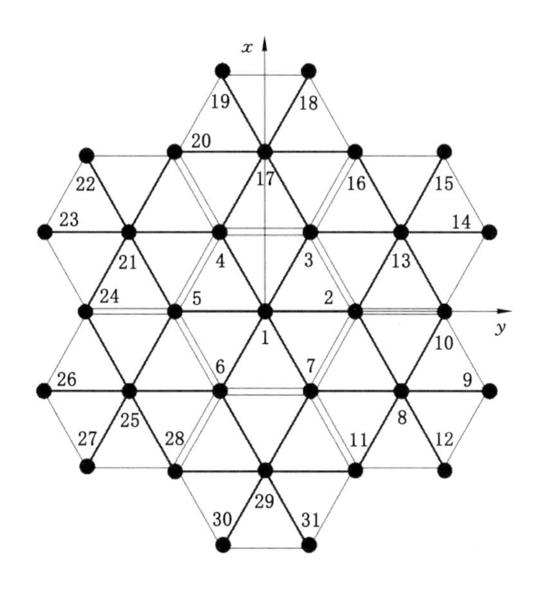

图 7-6　支撑机构上表面关键点分布

由图 7-6 可见，剔除重合的关键点后，支撑机构上表面共有 31 个关键点，在进行测量前，需要对所测关键点进行标定，关键点为上节点两棱线的交点，直接凭感观标定将会引入很大的人为误差。根据设计尺寸，两棱线的夹角为 120°，可以将两棱线作为基准，利用硫酸纸具有半透明的性质，采用计算机绘图的方式，在硫酸纸上绘制与标志点大小相同的圆(直径为 3 mm)，从圆心开始绘制三条夹角相同的直线，将标志点与硫酸纸上的圆进行匹配，用刻刀划破硫酸纸，这样在标志点的黑色区域便留下三条直线的痕迹，标定时将痕迹与棱线一一对齐即可保证有很高的定位精度。图 7-7 为对单个标志点和多个标志点进行标定的实物照片。

将做好标记的标志点进行粘贴，同时将若干个包含 8 个小标志点的编码点粘贴在标志点中间的杆件上，编码点的作用是保证相机可以将多张离散的照片高精度地拼接在一起，为数据后期处理做准备。将定向棒及基准尺固定在一个比较稳定且离支撑机构比较近的刚性支架上，定向棒用来建立测量坐标系，各关键点的坐标均是指在该坐标系下的测量结果；基准尺为高精密仪器，采用碳纤维材料制作，具有极低的热膨胀系数，其长度随外界条件变化极小，本书使用的基准尺的绝对长度为 1 340.021 mm，测量时得到的各点的具体数值是以该基准尺作为参照的。在前期准备的基础上，建立了一套摄影测量系统，实验照片如图 7-8 所示。

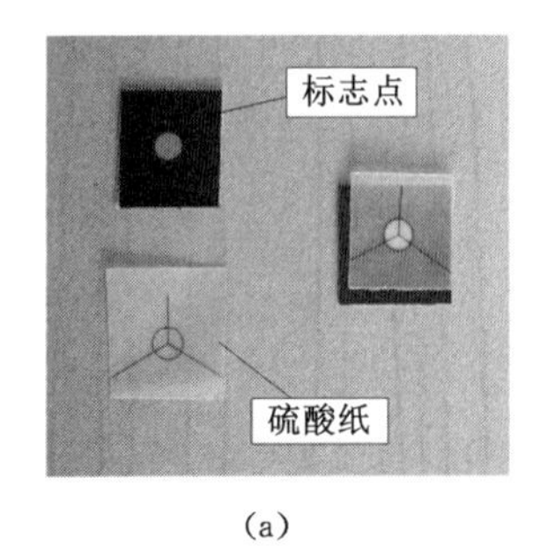

(a)

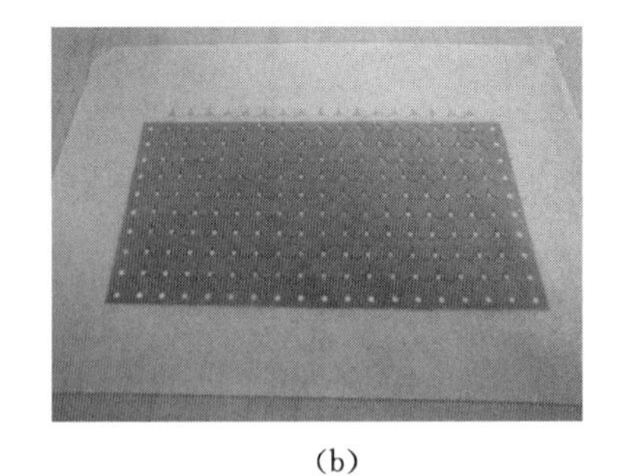

(b)

图 7-7　标志点的标定

(a) 单点标定;(b) 多点标定

图 7-8　支撑机构精度试验现场

测量时首先用相机进行试拍,提取周围环境中光线的信息,设定当前环境下的光强、曝光时间等参数。检测完毕后开始对关键点进行拍照,尽可能对每个位置进行多次拍照以保证测量的准确性,直到将整个支撑机构的各个位置覆盖到为止。

对支撑机构共进行了 10 次展开实验,每次试验中在支撑机构完全展开后,静止 5 min,保证支撑机构静止时再进行拍照,共进行了 10 次测量,每次测量时拍摄 35 张照片。拍摄结束后,提取测量数据以备分析。

7.3.3　试验结果分析

试验测得的数据要经过适当的处理才能进行分析，将坐标系的原点统一转换到关键点 1，第 1 次测量的关键点的数据见表 7-2，其余测量数据见附录 A。

表 7-2　第 1 次测试数据

关键点	坐标/mm			关键点	坐标/mm		
	x	y	z		x	y	z
1	0	0	0	17	1 031.306	4.132	−108.845
2	−8.873	599.027	−38.497	18	1 529.389	318.383	−257.277
3	515.028	305.556	−32.393	19	1 535.404	−281.45	−255.007
4	523.808	−291.598	−36.006	20	1 047.715	−585.646	−141.901
5	5.186	−599.785	−30.351	21	529.984	−886.898	−109.552
6	−513.696	−308.144	−35.352	22	1 028.159	−1 166.53	−256.709
7	−523.295	291.008	−33.595	23	511.722	−1 473.8	−250.584
8	−525.78	885.946	−114.954	24	6.443	−1 201.49	−141.579
9	−529.342	1 465.706	−260.403	25	−501.189	−903.505	−112.304
10	−5.568	1 196.26	−144.925	26	−493.051	−1 480.45	−253.739
11	−1 040.22	589.08	−153.281	27	−1 016.94	−1 180.51	−260.49
12	−1 032.52	1 165.261	−264.349	28	−1 038.08	−601.988	−147.47
13	510.403	898.484	−110.688	29	−1 030.24	−5.592	−117.269
14	494.648	1 478.369	−265.494	30	−1 527.21	−310.3	−258.999
15	1 008.161	1 187.877	−260.516	31	−1 535.19	279.782	−262.548
16	1 029.742	612.461	−149.178				

本书中的展开精度分析包括展开的形面精度分析、重复展开精度分析和关键点误差分析三个方面。

7.3.3.1　形面精度分析

均方根误差(RMS，Root Mean Square)是衡量曲面整体精度的一种有效方法，它通常是指曲面上各关键点的测量值与其理论值在某一方向上偏差的均方根，其物理含义为各测量值与其理论值的偏离程度，均方根误差小，则偏离程度小，曲面精度就高。均方根误差的表达式为：

$$\delta_{\mathrm{RMS}}=\sqrt{\frac{1}{n}\sum_{i=1}^{n}\Delta_i^2} \tag{7-1}$$

式中　n——关键点的个数；

Δ_i——第 i 个关键点在某一方向上的偏差。

根据试验的测量结果及第 3 章天线工作表面的拟合方法，通过编程计算得到支撑机构各次测量的均方根误差和拟合球半径，见表 7-3。本书中支撑机构的理论球面半径为 4 701 mm。

表 7-3　均方根误差及拟合球半径

测量次数	RMS/mm	拟合球半径/mm	拟合值与理论值相对误差/%
1	3.050	4 784.944	1.786
2	3.010	4 784.812	1.783
3	3.117	4 783.611	1.757
4	3.114	4 781.560	1.714
5	3.076	4 784.113	1.768
6	3.110	4 780.672	1.695
7	3.130	4 784.461	1.775
8	3.045	4 784.282	1.772
9	3.109	4 782.282	1.729
10	3.068	4 784.510	1.776

从表 7-3 可以看出，10 次展开试验测量得到的 RMS 算数平均值为 3.083 mm，表明支撑机构的形面精度较高，曲面比较平滑，关键点的离散性较小。拟合的球面半径与理论值的相对误差最大仅为 1.786%，表明拟合的球面半径与设计尺寸相差很小，从而也证明了设计的天线支撑机构的形状与理想曲面非常接近。

7.3.3.2　重复展开精度分析

重复展开精度分析是验证支撑机构工作时能否展开到预定位置的一种分析方法。同时，可以检验支撑机构在多次展开的过程中有无杆件卡死、杆件损坏等情况。对天线形面精度产生影响的主要因素是支撑机构的重复展开精度，而不是关键点的绝对误差，因为绝对误差可以通过每个基本单元上的支撑杆来进行调节，但由于重复展开精度是不可以调节的，因此它对形面精度的影响更大。通过重复展开精度分析不仅可以验证每个关键点在多次展开过程中的高展开重复性和高定位精度，也能够对支撑机构的展开可靠性提供保证。

由于所有数据均是以关键点 1 作为坐标系原点，因此只需比较从关键点 2 开始的其他 30 个关键点即可。将第 1 次测量的结果作为参照，其他 9 次均与此结果比较，图 7-9 所示的为中心模块上关键点 2～7 六个点的重复展开情况，其余各点的重复展开精度见附录 B。

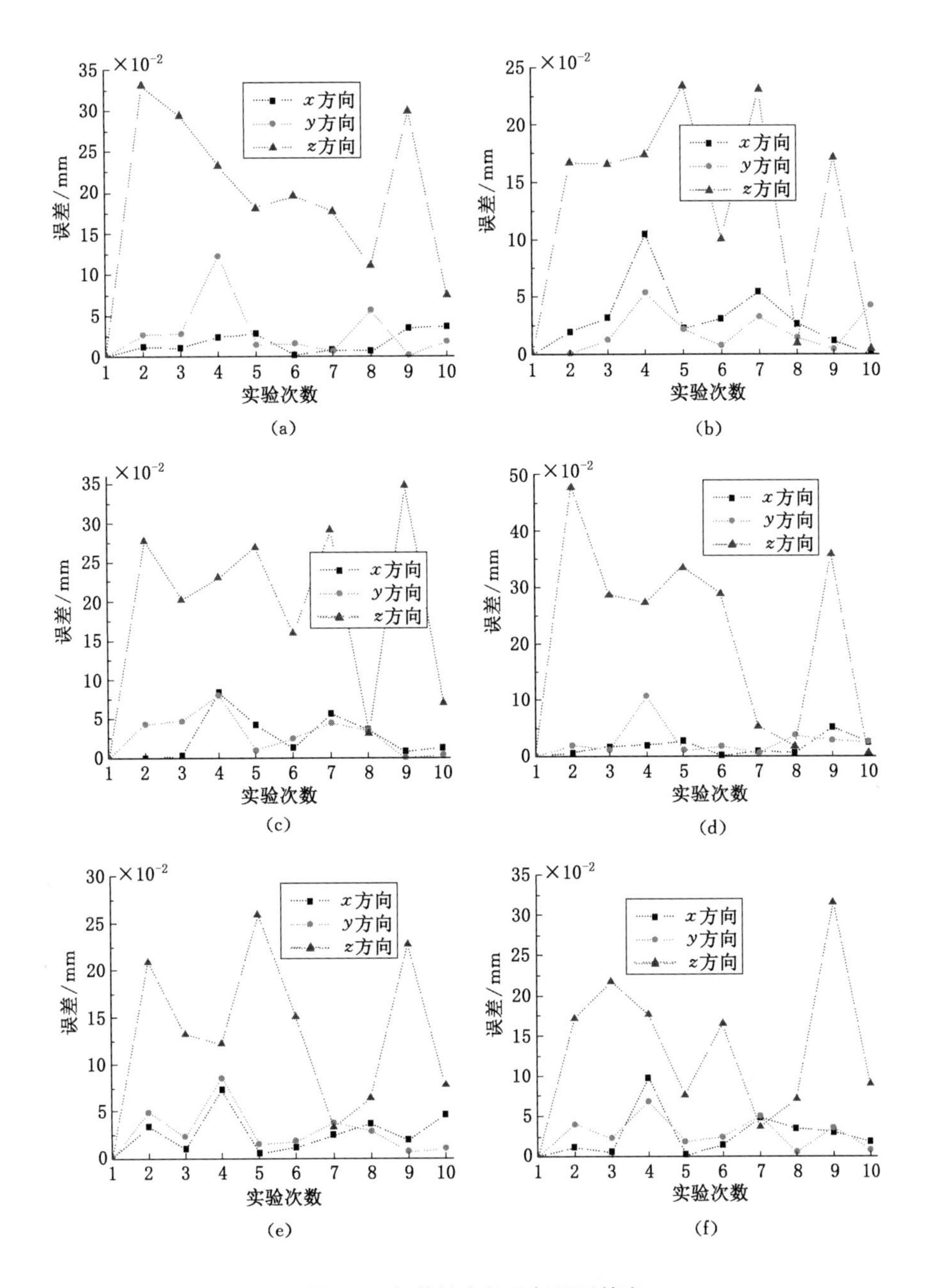

图 7-9　各关键点的重复展开精度

(a) 关键点 2 的重复展开精度；(b) 关键点 3 的重复展开精度；(c) 关键点 4 的重复展开精度；(d) 关键点 5 的重复展开精度；(e) 关键点 6 的重复展开精度；(f) 关键点 7 的重复展开精度

从各点的重复展开精度曲线可以看出，在 x 和 y 方向的展开精度很高，z 方向的展开精度较差。x 方向展开精度最差的是关键点 22 在第 7 次展开时引入的误差，其值为 0.828 mm；y 方向展开精度最差的是关键点 28 在第 8 次展开时引入的误差，其值为 0.967 mm；z 方向展开精度最差的是关键点 26 在第 2 次展开时引入的误差，其值为 1.136 mm。

支撑机构的重复展开精度试验是在重力平衡装置上进行测量的，支撑机构在展开过程及展开结束后都会受到向下的力，而配重、吊丝等会对这个力产生不确定的影响，z 轴是受影响最直接的方向，因此该方向上的展开精度要略差于其他两个方向。但从以上的实验结果可以看出，在多次的展开试验中，支撑机构仍能保持很高的重复展开精度。同时，支撑机构在 10 次的展开试验中未出现杆件干涉、铰链摩擦力过大、拉索断裂、拉索缠绕和电机扭矩不足等情况，每次实验都能够实现支撑机构的顺利展开，说明支撑机构具有较高的可靠性。

7.3.3.3 关键点误差分析

第 4 章建立了等尺寸支撑机构的空间几何模型，根据该模型可以得到上表面所有关键点的空间坐标，见表 7-4。

表 7-4 关键点坐标的理论值

关键点	坐标/mm			关键点	坐标/mm		
	x	y	z		x	y	z
1	0	0	0	17	1 031.962	0	−114.66
2	0	598.749	−38.719	18	1 529.349	299.374	−266.255
3	518.532	299.375	−38.719	19	1 529.349	−299.374	−266.255
4	518.532	−299.375	−38.719	20	1 036.756	−598.524	−155.416
5	0	−598.749	−38.719	21	515.981	−893.705	−114.66
6	−518.532	−299.375	−38.719	22	1023.94	−1 174.77	−266.255
7	−518.532	299.375	−38.719	23	505.408	−1 474.14	−266.255
8	−515.981	893.705	−114.66	24	0.041	−1 197.12	−155.416
9	−505.408	1 474.142	−266.255	25	−515.981	−893.705	−114.66
10	0.041	1 197.12	−155.416	26	−505.408	−1474.14	−266.255
11	−1 036.76	598.524	−155.416	27	−1 023.94	−1174.77	−266.255
12	−1 023.94	1 174.767	−266.255	28	−1 036.76	−598.524	−155.416
13	515.981	893.705	−114.66	29	−1 031.96	0	−114.66
14	505.408	1 474.142	−266.255	30	−1 529.35	−299.374	−266.255
15	1 023.94	1 174.767	−266.255	31	−1 529.35	299.374	−266.255
16	1 036.756	598.524	−155.416				

对 10 次测量得到的关键点坐标取算术平均值，将该数值作为支撑机构展开的实际坐标，理论值与试验值得到的关键点的空间状态如图 7-10 所示。

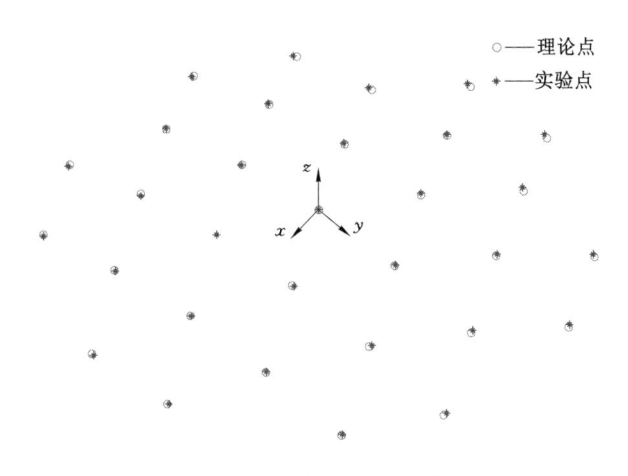

图 7-10　关键点的空间状态

为了分析单个点的误差情况，对每一个点进行误差分析，分别计算每个点实验值与理论值之间的绝对误差和相对误差，见表 7-5。

表 7-5　关键点误差比较

关键点	绝对误差/mm	相对误差/%	关键点	绝对误差/mm	相对误差/%
1	0	0	17	6.932	0.668
2	8.870	1.478	18	20.908	1.322
3	9.441	1.574	19	21.869	1.383
4	9.733	1.622	20	21.478	1.779
5	9.731	1.622	21	16.379	1.577
6	10.523	1.754	22	13.146	0.832
7	10.864	1.811	23	16.667	1.054
8	12.595	1.213	24	15.647	1.296
9	26.036	1.647	25	17.841	1.718
10	12.271	1.016	26	18.485	1.169
11	10.199	0.845	27	10.665	0.675
12	12.958	0.820	28	8.541	0.707
13	8.280	0.797	29	6.478	0.624
14	11.610	0.734	30	13.194	0.835
15	21.265	1.345	31	20.771	1.314
16	16.773	1.389			

从表7-5可以看出，绝对误差最大的点为关键点9，其值为26.036 mm；相对误差最大的点为关键点7，其值为1.811%。总体上看，相对误差都非常小，表明支撑机构具有较高的加工精度。部分绝对误差较大的关键点，如点9、点15、点19和点31等，均处于支撑机构的最边缘，误差较大是由于支撑机构铰链较多，由中心模块向外安装时误差逐渐积累导致，对以上误差较大的点需要进行适当调整。

7.4 天线支撑机构的动力学试验

7.4.1 试验原理

在第5章的模态分析中，分别从自由边界条件和约束边界条件两种工况对支撑机构进行了理论分析。自由边界条件模态分析可以了解支撑机构本身的振动特性，去除前6阶刚体模态后可以得到结构自身的振动模态；约束边界条件模态分析主要是考虑了天线的实际应用情况，通过分析可以了解支撑机构与卫星连接后整个系统的振动模态。自由边界条件和约束边界条件两种条件下的模态分析都采用相同的建模方法，只是边界条件有所差异。本书进行动力学试验的目的主要是研究结构自身的振动情况，继而为整体结构的模态实验提供参考，因此本节选择对支撑机构的自由状态进行模态试验。

自由边界条件模态试验通常采用柔性较好的弹性绳悬吊被测结构，与被测结构相比弹性绳的刚度很低，几乎为零，用弹性绳进行实验时也会产生6阶刚体模态，并且不会对结构的振动模态产生影响，因此采用这种方法能够较准确地模拟自由边界条件，其动力学试验系统如图7-11所示。

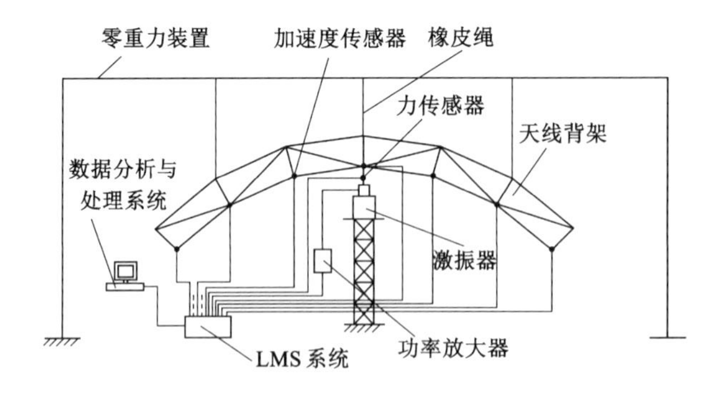

图7-11　天线支撑机构动力学试验系统

该测试系统主要由激振器、功率放大器、加速度传感器、信号采集处理系统、橡皮绳等部分组成。

激振器和功率放大器均采用江苏联能电子技术有限公司生产的产品，型号分别为 JZK-2 型激振器和 YE587 系列放大器；采用 6 个三向 KISTLER 加速度传感器；信号采集处理系统采用比利时 LMS 公司生产的 LMS SCADAS Ⅲ信号调理与数据采集系统，该系统可以为用户提供完整、高质量、低成本的解决方案，目前已广泛应用于高速数据采集和信号调理。LMS SCADAS Ⅲ数据采集前端与 LMS Test.Lab 软件紧密集成，可以满足很多振动工程的特定需要，并且该系统可以灵活地选择输入/输出模块，以达到最佳的性能。系统采用具有可编程功能的输入模块 V12 来进行信号采集，V12 包含有 12 个通道并且可以对信号进行调理，这样大大增加了原系统的通道数量，方便使用更多的传感器尤其是三向加速度传感器进行信号采集。

实验时，用柔性较好的橡皮绳将支撑机构悬吊于零重力实验装置上，排除外界物体振动对支撑机构的干扰与影响。采用单点输入多点输出的方式进行模态实验，将激振器放置在不同位置进行测试，确定将支撑机构的中心作为激振点，方向为垂直于地面向上。信号为白噪声的随机信号，对传感器及关键点进行编号，每次测试 6 个关键点，直至将 31 个关键点测试完毕。图 7-12 为试验现场照片。

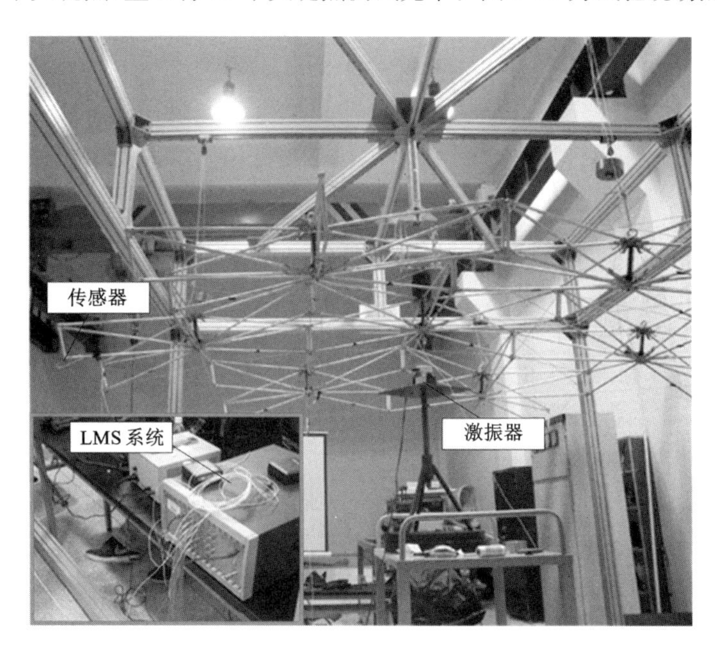

图 7-12　天线支撑机构动力学试验测试现场

7.4.2 支撑机构的模态试验

通过对 LMS 系统采集到的数据进行分析和处理，得到支撑机构前 4 阶固有频率依次为：32.781 Hz、58.003 Hz、66.396 Hz 和 74.170 Hz。

对试验结果要进行进一步的分析来确定测试的正确性，因此要进行模态实验结果合理性分析。

由模态分析理论可知，系统各阶模态间应相互正交，即任意两组模态的相关系数为 0。但由于实验过程不可能在理论的假设条件下进行，所采集的信号将不可避免地偏离真实信号，这将直接导致试验所得的结果与理论出现偏差。经过分析计算自相关函数柱状图如图 7-13 所示。

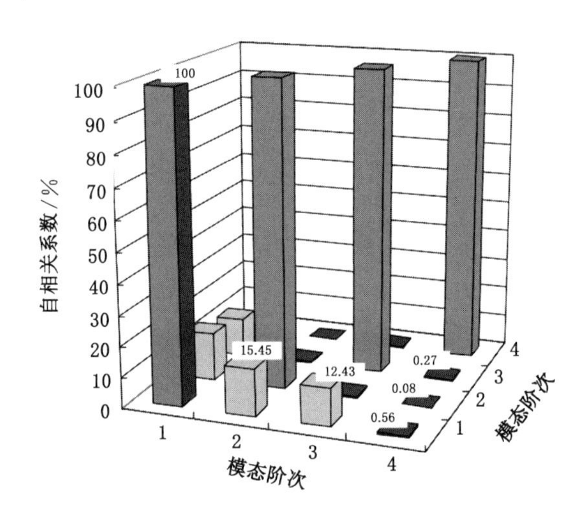

图 7-13 天线支撑机构模态自相关函数柱状图

图中对角线上的值为各阶模态的自相关系数，由于是其自身的比较，故全部为 100%；各非对角线上的元素为各阶模态之间的相关函数值，从图中可以看出各模态间相关函数均较小，最大的相关系数仅为 15.45%，说明本次实验很好地激起了支撑机构的低阶模态，模态置信程度很高。

再通过模态相位共线性(MPC，Modal Phase Collinearity)和平均相位偏差(MPD，Mode Phase Deflection)进一步验证实验结果。MPC 反映出无尺度模态振型向量各元素的实部与虚部之间的线性关系，对于实正则模态，MPC 指数应有接近于 100%的高值。MPD 是指模态振型各个系数的相位角对其平均值的统计偏差，它反映出模态振型在相位上的分散程度。对于实正则模态，MPD 的值应该是向 0°接近的一个数值。本实验的 MPC 和 MPD 值见表 7-6。

表 7-6　模态相位共线性和平均相位偏差

固有频率/Hz	MPC/%	MPD/(°)
32.781	98.52	18.09
58.003	92.09	4.88
66.396	99.73	24.47
74.170	93.83	18.42

从表 7-6 可以看出，各阶固有频率对应的 MPC 值很高，同时 MPD 值也较低，即同一模态各个复数的模态振型系数之间共线性较好，近似同相。这一结果更加证明了试验测试的正确性。

7.4.3　试验结果分析

采用 LMS 提供的分析软件对试验测得的数据进行处理，得到支撑机构的两个模态振型如图 7-14 所示。

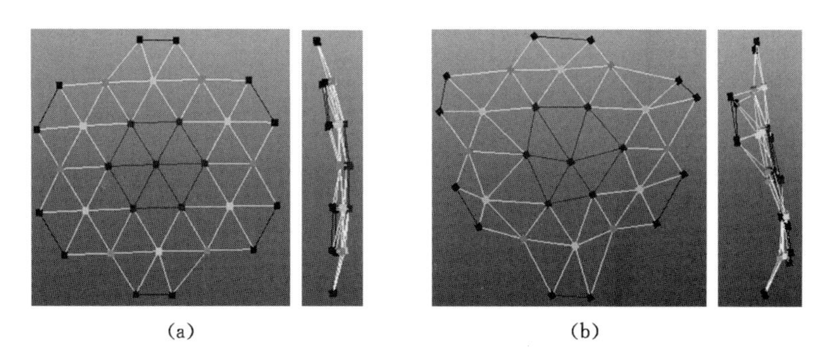

(a)　　(b)

图 7-14　试验中得到的两个模态振型图

(a) 振型图(32.781 Hz)；(b) 振型图(58.003 Hz)

通过对试验及理论的固有频率及振型进行比较，表明实测的 4 阶固有频率分别对应于有限元分析的第一、三、四和五阶固有频率，见表 7-7。

表 7-7　有限元结果与试验结果比较

阶次	有限元结果/Hz	试验结果/Hz	相对误差/%
一	29.643	32.781	10.59
二	29.644	—	—
三	58.027	58.003	0.41
四	68.461	66.396	3.02
五	72.133	74.170	2.82

从表7-8可以看到，理论与试验结果的最大相对误差仅为10.59%，试验与仿真的结果吻合较好；另外，从试验振型图也可以看到，频率为32.781 Hz的试验振型与有限元分析的第一阶振型比较相符，频率为58.003 Hz的试验振型与有限元分析的第三阶振型比较相符，因此从固有频率和振型两个方面的对比都能够说明有限元分析方法是正确的。有限元分析中频段为29 Hz的固有频率有两个，但两者差值仅为0.001 Hz，频率非常密集，而试验时在该频段附近只测得32.781 Hz一个固有频率，经分析初步判定是由于受试验环境、试验仪器等多种客观条件的影响，分析软件很难辨别如此接近的两阶频率，因此这里只得到了第一阶固有频率。

另外有限元分析中从第四阶固有频率开始，支撑机构出现了局部模态，模块内部杆件出现了很大的弯曲变形，而试验时由于杆件截面为圆柱形，很难将传感器固定在上面，因此试验中只得到了两阶频率对应的振型。对支撑机构进行较为高阶的模态试验将会作为本课题未来的一项研究内容。

7.5 本章小结

本章对天线支撑机构进行了展开精度试验和动力学试验研究。根据支撑机构的结构及展开原理，设计了一套悬挂式零重力实验装置，该装置可以在天线展开的整个过程中进行实时卸载，较真实地模拟了无重力的空间环境。采用摄影测量的方法，在零重力装置上进行了支撑机构的展开精度试验，得到了关键点的空间坐标，分析了支撑机构的形面精度、重复展开精度和关键点误差情况，分析结果表明，支撑机构具有很高的重复展开和定位精度。对支撑机构进行了自由边界条件下的模态试验，采用单点激励多点拾振的方式测得了支撑机构的固有频率及其振型，将试验结果与有限元分析进行对比，验证了有限元方法的正确性，该动力学试验及分析为大型空间可展开桁架结构的模态分析提供了参考。

附　录

附录 A　展开精度测试数据

表 A-1　第 2 次测试数据

关键点	坐标/mm			关键点	坐标/mm		
	x	y	z		x	y	z
1	0	0	0	17	1 031.315	4.170	−109.034
2	−8.885	599.000	−38.828	18	1 529.385	318.416	−257.319
3	515.008	305.557	−32.560	19	1 535.455	−281.386	−254.932
4	523.808	−291.555	−36.285	20	1 047.76	−585.566	−142.130
5	5.179	−599.765	−30.830	21	530.013	−886.803	−109.032
6	−513.730	−308.095	−35.562	22	1 028.216	−1 166.420	−257.138
7	−523.307	290.967	−33.767	23	511.822	−1 473.650	−251.416
8	−525.795	885.846	−115.394	24	6.447	−1 201.310	−142.455
9	−529.301	1 465.446	−260.334	25	−501.219	−903.379	−112.998
10	−5.579	1 196.081	−144.598	26	−493.063	−1 480.210	−254.875
11	−1 040.25	589.072	−153.368	27	−1 016.97	−1 180.300	−260.195
12	−1 032.51	1 165.047	−264.868	28	−1 038.15	−601.948	−147.699
13	510.392	898.422	−111.078	29	−1 030.3	−5.572	−117.324
14	494.651	1 478.188	−265.272	30	−1 527.33	−310.214	−258.872
15	1 008.149	1 187.782	−260.955	31	−1 535.3	279.794	−262.363
16	1 029.781	612.512	−149.351				

表 A-2　第 3 次测试数据

关键点	坐标/mm			关键点	坐标/mm		
	x	y	z		x	y	z
1	0	0	0	17	1 031.263	4.191	−109.148
2	−8.862	598.999	−38.791	18	1 529.340	318.487	−257.471
3	514.996	305.569	−32.559	19	1 535.332	−281.391	−255.289
4	523.811	−291.551	−36.209	20	1 047.690	−585.571	−142.229
5	5.168	−599.773	−30.638	21	529.979	−886.84	−109.887
6	−513.706	−308.121	−35.484	22	1 028.159	−1 166.50	−257.004
7	−523.289	290.985	−33.813	23	511.760	−1 473.77	−250.924
8	−525.797	885.906	−115.258	24	6.422	−1 201.42	−141.982
9	−529.129	1 465.254	−260.297	25	−501.221	−903.46	−112.586
10	−5.579	1 196.215	−144.293	26	−493.09	−1 480.36	−254.140
11	−1 040.24	589.051	−153.499	27	−1016.98	−1 180.45	−260.658
12	−1 032.51	1 165.120	−264.784	28	−1038.12	−601.988	−147.556
13	510.399	898.509	−110.838	29	−1 030.25	−5.603	−117.407
14	494.642	1 478.242	−265.901	30	−1 527.22	−310.319	−259.025
15	1 008.168	1 187.875	−260.653	31	−1 535.18	279.719	−262.687
16	1 029.771	612.578	−149.245				

表 A-3　第 4 次测试数据

关键点	坐标/mm			关键点	坐标/mm		
	x	y	z		x	y	z
1	0	0	0	17	1 031.088	4.176	−109.132
2	−8.849	598.904	−38.73	18	1 529.072	318.361	−257.548
3	514.923	305.502	−32.567	19	1 535.104	−281.33	−255.304
4	523.724	−291.518	−36.237	20	1 047.494	−585.484	−142.292
5	5.165	−599.677	−30.624	21	529.873	−886.683	−109.974
6	−513.623	−308.058	−35.474	22	1 028.938	−1 166.28	−257.190
7	−523.197	290.939	−33.773	23	511.633	−1 473.49	−251.035
8	−525.684	885.754	−115.231	24	6.407	−1 201.22	−142.007
9	−529.248	1 465.396	−260.778	25	−501.137	−903.288	−112.631
10	−5.568	1 196.023	−144.225	26	−493.038	−1 480.11	−254.088

表 A-3(续)

关键点	坐标/mm			关键点	坐标/mm		
	x	y	z		x	y	z
11	−1 040.06	589.983	−153.440	27	−1 016.81	−1 180.24	−260.626
12	−1 032.33	1 164.981	−264.708	28	−1 038.95	−601.872	−147.510
13	510.315	898.352	−110.900	29	−1 030.07	−5.582	−117.421
14	494.535	1 478.162	−265.744	30	−1 527.11	−310.211	−258.909
15	1 007.971	1 187.600	−260.895	31	−1 534.92	279.721	−262.673
16	1 029.597	612.436	−149.371				

表 A-4 第 5 次测试数据

关键点	坐标/mm			关键点	坐标/mm		
	x	y	z		x	y	z
1	0	0	0	17	1 031.21	4.101	−109.293
2	−8.901	599.012	−38.679	18	1 529.216	318.313	−257.926
3	515.005	305.534	−32.627	19	1 535.325	−281.499	−255.384
4	523.766	−291.608	−36.276	20	1 047.747	−585.671	−142.099
5	5.213	−599.796	−30.687	21	530.019	−886.904	−109.808
6	−513.701	−308.129	−35.612	22	1 028.209	−1 166.58	−256.827
7	−523.293	290.989	−33.672	23	511.810	−1 473.83	−250.842
8	−525.827	885.911	−115.135	24	6.450	−1 201.46	−142.047
9	−529.446	1 465.692	−260.602	25	−501.149	−903.420	−112.886
10	−5.595	1 196.136	−144.355	26	−492.956	−1 480.32	−254.568
11	−1 040.28	589.110	−153.226	27	−1 016.84	−1 180.35	−261.366
12	−1 032.64	1 165.260	−264.261	28	−1 038.02	−601.934	−147.95
13	510.368	898.451	−111.114	29	−1 030.25	−5.566	−117.447
14	494.541	1 478.298	−265.099	30	−1 527.17	−310.192	−259.335
15	1 008.088	1 187.759	−260.284	31	−1 535.23	279.813	−262.542
16	1 029.706	612.442	−149.668				

表 A-5　第 6 次测试数据

关键点	坐标/mm			关键点	坐标/mm		
	x	y	z		x	y	z
1	0	0	0	17	1 031.249	4.167	−109.097
2	−8.871	599.011	−38.693	18	1 529.276	318.409	−257.590
3	514.997	305.548	−32.494	19	1 535.31	−281.386	−255.296
4	523.795	−291.573	−36.166	20	1 047.693	−585.585	−142.162
5	5.184	−599.767	−30.640	21	529.983	−886.83	−109.855
6	−513.684	−308.126	−35.503	22	1 028.131	−1 166.45	−257.093
7	−523.28	290.983	−33.760	23	511.752	−1 473.72	−251.017
8	−525.752	885.876	−115.288	24	6.432	−1 201.41	−141.943
9	−529.296	1 465.567	−260.929	25	−501.20	−903.44	−112.580
10	−5.569	1 196.160	−144.319	26	−493.055	−1 480.35	−254.195
11	−1 040.15	589.027	−153.55	27	−1 016.97	−1 180.44	−260.696
12	−1 032.49	1165.149	−264.766	28	−1 038.06	−601.959	−147.626
13	510.411	898.466	−110.922	29	−1 030.22	−5.604	−117.470
14	494.617	1 478.258	−265.951	30	−1 527.14	−310.279	−259.138
15	1 008.145	1 187.808	−260.858	31	−1 535.19	279.724	−262.725
16	1 029.757	612.504	−149.373				

表 A-6　第 7 次测试数据

关键点	坐标/mm			关键点	坐标/mm		
	x	y	z		x	y	z
1	0	0	0	17	1 031.105	4.108	−109.673
2	−8.881	599.034	−38.320	18	1 529.255	318.343	−257.895
3	514.973	305.589	−32.624	19	1 535.397	−281.506	−255.570
4	523.752	−291.643	−36.298	20	1 047.597	−585.66	−142.468
5	5.195	−599.778	−30.298	21	529.931	−886.962	−109.512
6	−513.671	−308.182	−35.385	22	1 028.987	−1 166.68	−256.881
7	−523.246	291.059	−33.558	23	511.667	−1 473.98	−250.080
8	−525.77	885.026	−114.715	24	6.416	−1 201.67	−141.128
9	−529.385	1 465.917	−260.564	25	−501.146	−903.516	−112.217

表 A-6(续)

关键点	坐标/mm			关键点	坐标/mm		
	x	y	z		x	y	z
10	−5.617	1 196.404	−144.424	26	−492.948	−1 480.55	−253.336
11	−1 040.09	589.099	−153.338	27	−1 016.82	−1 180.55	−260.586
12	−1 032.41	1 165.381	−264.061	28	−1 037.93	−601.929	−147.774
13	510.327	898.559	−110.679	29	−1 030.07	−5.579	−117.670
14	494.458	1 478.569	−265.040	30	−1 527.91	−310.268	−259.764
15	1 007.938	1 188.032	−260.890	31	−1534.95	279.838	−263.109
16	1 029.66	612.548	−149.742				

表 A-7　第 8 次测试数据

关键点	坐标/mm			关键点	坐标/mm		
	x	y	z		x	y	z
1	0	0	0	17	1 031.359	4.112	−108.865
2	−8.867	599.083	−38.386	18	1 529.452	318.318	−257.432
3	515.055	305.541	−32.383	19	1 535.497	−281.515	−254.999
4	523.843	−291.633	−35.974	20	1 047.805	−585.730	−141.808
5	5.193	−599.822	−30.332	21	530.017	−886.951	−109.441
6	−513.733	−308.173	−35.288	22	1 028.211	−1 166.62	−256.696
7	−523.330	291.002	−33.524	23	511.754	−1 473.85	−250.582
8	−525.851	885.950	−114.896	24	6.457	−1 201.60	−141.548
9	−529.446	1 465.733	−260.368	25	−501.185	−903.527	−112.298
10	−5.592	1 196.251	−144.961	26	−493.037	−1 480.52	−253.727
11	−1 040.27	589.061	−153.117	27	−1 016.96	−1 180.56	−260.447
12	−1 032.53	1 165.256	−264.232	28	−1 038.07	−601.021	−147.441
13	510.435	898.543	−110.716	29	−1 030.3	−5.615	−117.155
14	494.615	1 478.455	−265.665	30	−1 527.24	−310.31	−258.929
15	1 008.25	1 187.969	−260.683	31	−1 535.27	279.750	−262.433
16	1 029.829	612.528	−149.355				

表 A-8　第 9 次测试数据

关键点	坐标/mm			关键点	坐标/mm		
	x	y	z		x	y	z
1	0	0	0	17	1 031.268	4.173	−109.360
2	−8.838	599.029	−38.796	18	1 529.338	318.483	−257.696
3	515.016	305.561	−32.565	19	1 535.320	−281.413	−255.735
4	523.816	−291.598	−36.355	20	1 047.689	−585.629	−142.510
5	5.134	−599.814	−30.711	21	529.922	−886.871	−109.133
6	−513.715	−308.151	−35.580	22	1 028.081	−1 166.53	−257.507
7	−523.326	290.972	−33.912	23	511.608	−1 473.74	−251.305
8	−525.734	885.853	−115.643	24	6.369	−1 201.53	−141.972
9	−529.323	1 465.700	−260.146	25	−501.267	−903.494	−112.530
10	−5.554	1 196.203	−144.505	26	−493.160	−1 480.45	−254.009
11	−1 040.17	589.013	−152.881	27	−1 017.05	−1 180.56	−260.544
12	−1 032.47	1 165.133	−264.223	28	−1 038.16	−601.031	−147.587
13	510.456	898.490	−111.039	29	−1030.24	−5.624	−117.673
14	494.666	1 478.284	−266.145	30	−1 527.22	−310.364	−259.277
15	1 008.24	1 187.921	−260.738	31	−1 535.20	279.678	−263.112
16	1 029.904	612.624	−149.303				

表 A-9　第 10 次测试数据

关键点	坐标/mm			关键点	坐标/mm		
	x	y	z		x	y	z
1	0	0	0	17	1 031.262	4.174	−109.099
2	−8.836	599.045	−38.572	18	1 529.319	318.439	−257.611
3	515.028	305.599	−32.388	19	1 535.379	−281.440 中	−255.358
4	523.821	−291.602	−36.077	20	1 047.666	−585.626	−142.182
5	5.161	−599.811	−30.345	21	529.959	−886.926	−109.551
6	−513.742	−308.154	−35.275	22	1 028.040	−1 166.59	−256.974
7	−523.314	291.017	−33.685	23	511.682	−1 473.83	−250.574
8	−525.795	885.977	−115.002	24	6.392	−1 201.6	−141.422
9	−529.326	1 465.784	−260.457	25	−501.238	−903.522	−112.135

表 A-9(续)

关键点	坐标/mm			关键点	坐标/mm		
	x	y	z		x	y	z
10	−5.573	1 196.372	−144.864	26	−493.09	−1 480.55	−253.405
11	−1 040.23	589.073	−153.407	27	−1 016.97	−1 180.64	−260.212
12	−1 032.42	1 165.283	−264.537	28	−1 038.09	−601.017	−147.403
13	510.460	898.610	−110.576	29	−1 030.25	−5.622	−117.367
14	494.639	1 478.474	−265.413	30	−1 527.26	−310.339	−259.000
15	1 008.226	1 187.992	−260.489	31	−1 535.24	279.739	−262.696
16	1 029.826	612.605	−149.274				

附录 B　关键点的重复展开精度

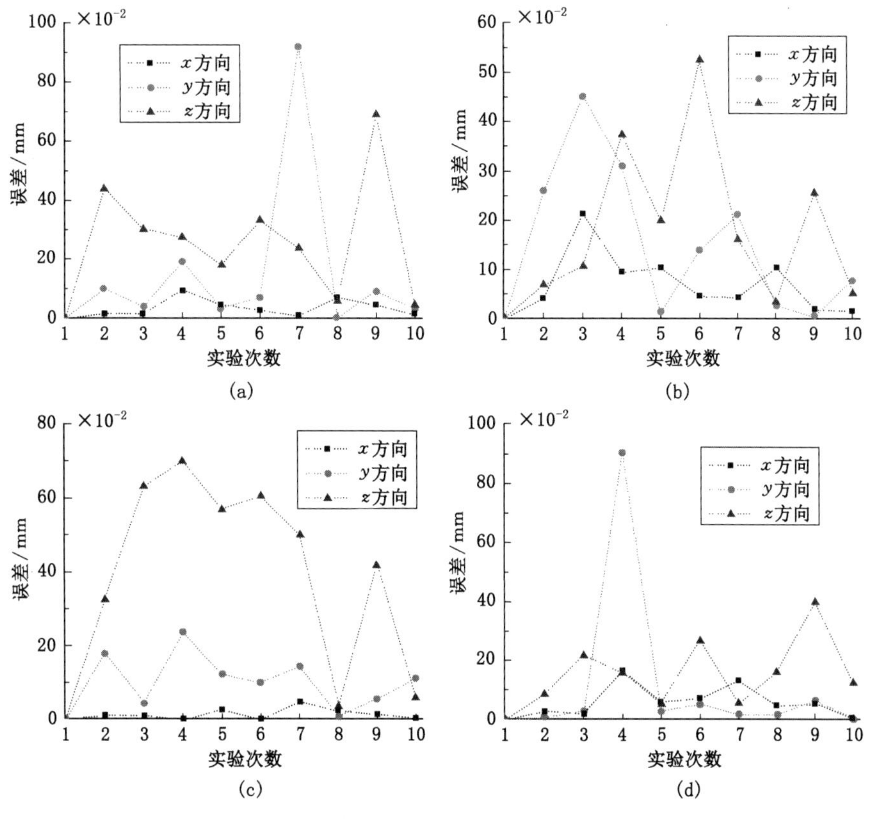

图 B-1　各个关键点的重复展开精度

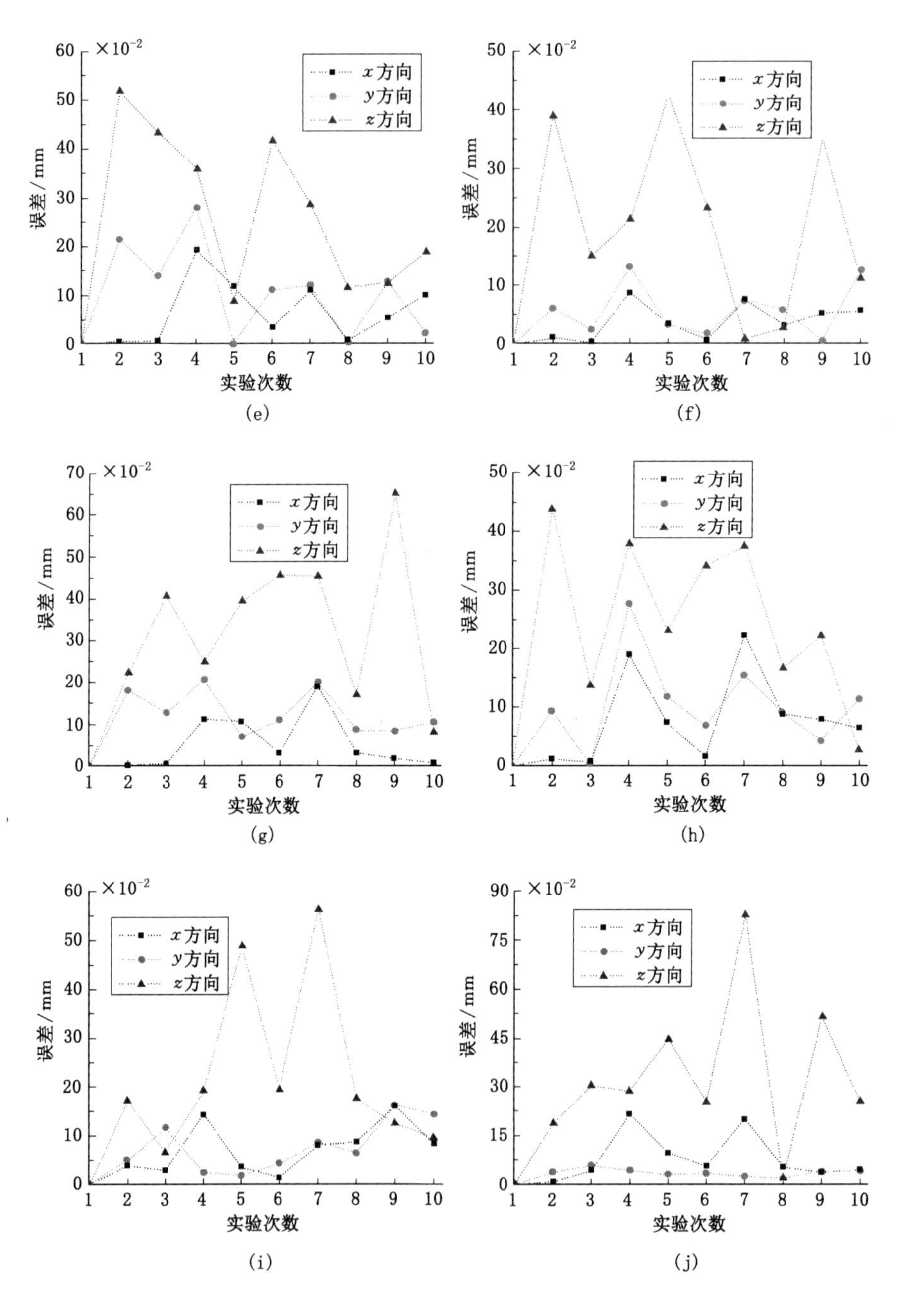

图 B-1 （续）

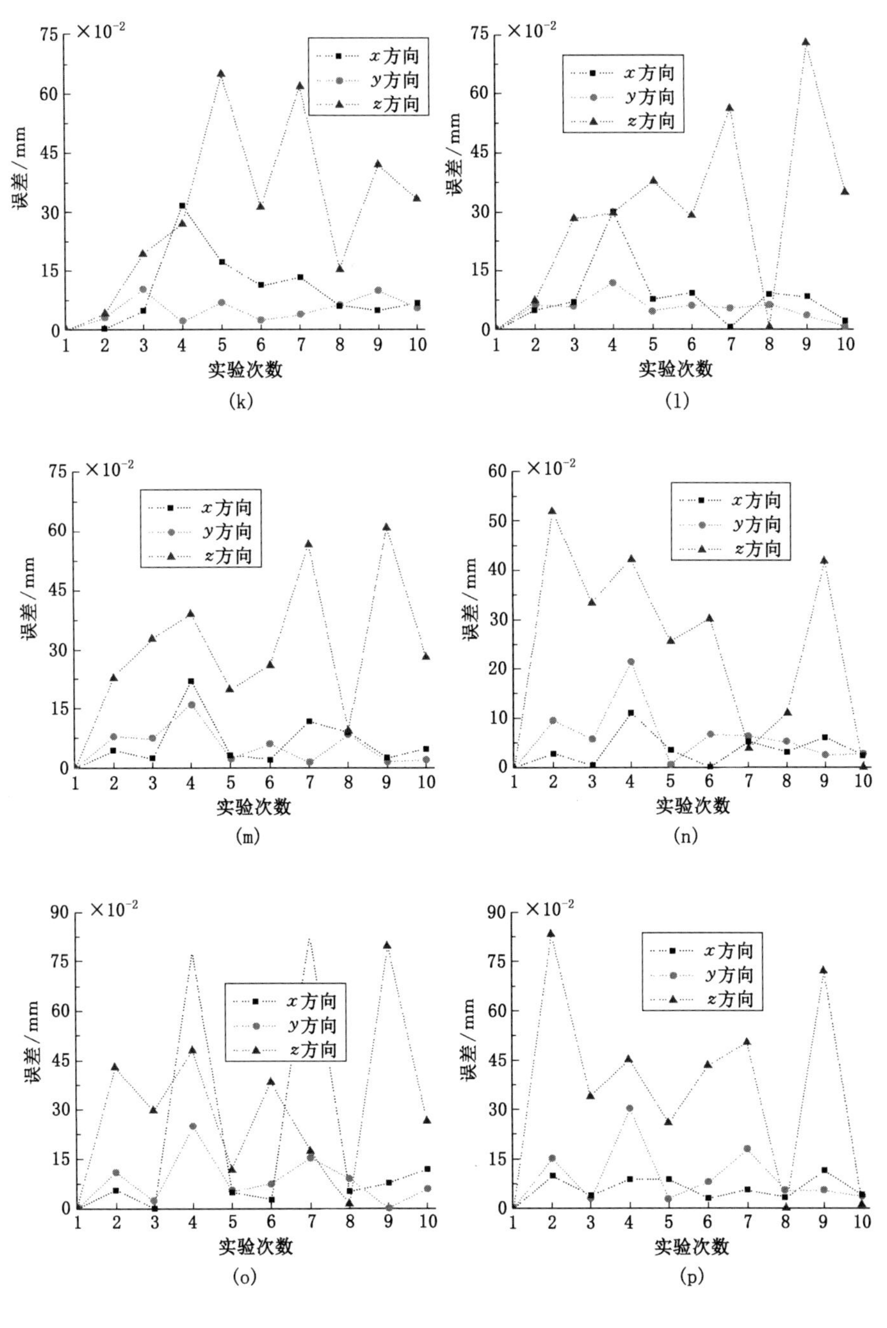

图 B-1 （续）

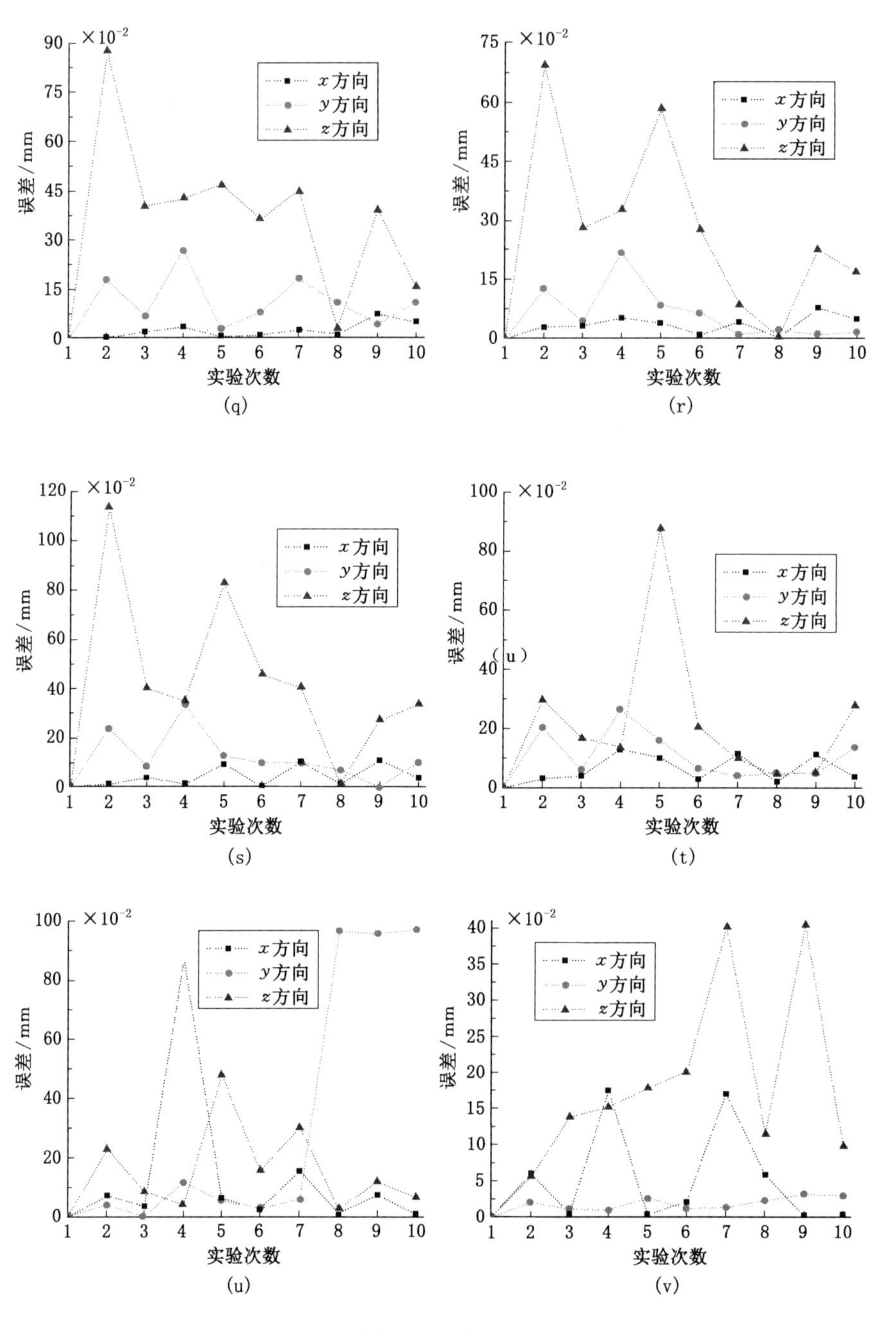

图 B-1 （续）

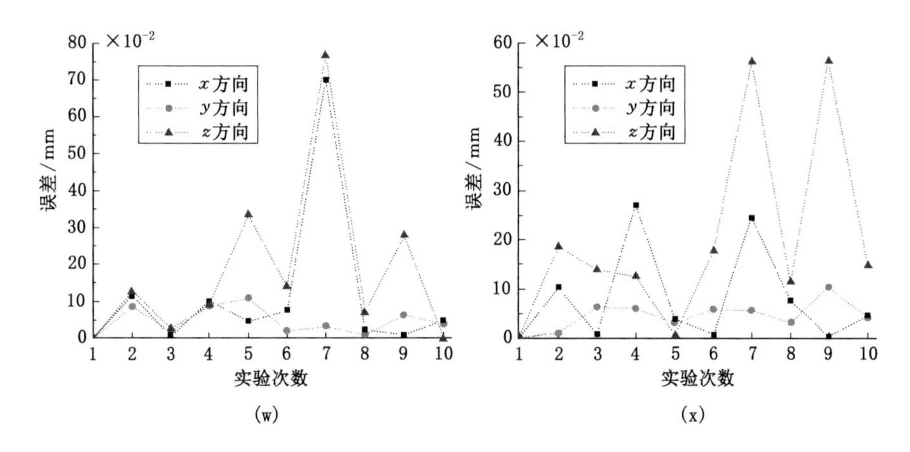

图 B-1 （续）

(a) 关键点 8 的重复展开精度；(b) 关键点 9 的重复展开精度；(c) 关键点 10 的重复展开精度；(d) 关键点 11 的重复展开精度；(e) 关键点 12 的重复展开精度；(f) 关键点 13 的重复展开精度；(g) 关键点 14 的重复展开精度；(h) 关键点 15 的重复展开精度；(i) 关键点 16 的重复展开精度；(j) 关键点 17 的重复展开精度；(k) 关键点 18 的重复展开精度；(l) 关键点 19 的重复展开精度；(m) 关键点 20 的重复展开精度；(n) 关键点 21 的重复展开精度；(o) 关键点 22 的重复展开精度；(p) 关键点 23 的重复展开精度；(q) 关键点 24 的重复展开精度；(r) 关键点 25 的重复展开精度；(s) 关键点 26 的重复展开精度；(t) 关键点 27 的重复展开精度；(u) 关键点 28 的重复展开精度；(v) 关键点 29 的重复展开精度；(w) 关键点 30 的重复展开精度；(x) 关键点 31 的重复展开精度